版权声明

Copyright © 1986 by Marjorie Taggart White and Marcella Bakur Weiner

Authorized translation from English language edition published by Routledge Inc., part of Taylor & Francis Group LLC.

All rights reserved. No part of this book may be reproduced in any form without the written permission of the copyrights owners.

本书中文简体翻译版授权由中国轻工业出版社独家出版，并仅限在中国大陆地区销售。未经出版者书面许可，不得以任何方式复制或发行本书的任何部分。

本书封面贴有Taylor & Francis公司防伪标签，无标签者不得销售。

保留所有权利。未经中国轻工业出版社书面授权，任何人不得以任何方式（包括但不限于电子、机械、手工或其他尚未被发明或应用的技术手段）复印、拍照、扫描、录音、朗读、存储、发表本书中任何部分或本书全部内容，以及其他附带的所有资料（包括但不限于光盘、音频、视频等）。中国轻工业出版社未授权任何机构提供源自本书内容的电子文件阅览、收听或下载服务。如有此类非法行为，查实必究。

自体心理学的理论与实践

The Theory and Practice of Self Psychology

［美］玛乔丽·塔格特·怀特　　玛塞拉·巴库尔·韦纳／著
（Marjorie Taggart White）　　（Marcella Bakur Weiner）

吉　莉／译

中国轻工业出版社

图书在版编目(CIP)数据

自体心理学的理论与实践/(美)怀特(White, M. T.),(美)韦纳(Weiner, M. B.)著;吉莉译.—北京:中国轻工业出版社,2013.2 (2025.10重印)

ISBN 978-7-5019-9106-8

Ⅰ.①自… Ⅱ.①怀… ②韦… ③吉… Ⅲ.①精神分析-研究 Ⅳ.①B84-065

中国版本图书馆CIP数据核字(2012)第294486号

责任编辑:孙蔚雯　　责任终审:腾炎福
策划编辑:阎　兰　　责任校对:刘志颖　　责任监印:吴维斌

出版发行:中国轻工业出版社(北京鲁谷东街5号,邮编:100040)
印　　刷:三河市鑫金马印装有限公司
经　　销:各地新华书店
版　　次:2025年10月第1版第12次印刷
开　　本:710×1000　1/16　印张:14.75
字　　数:149千字
书　　号:ISBN 978-7-5019-9106-8　定价:32.00元

读者热线:010-65181109
发行电话:010-85119832　010-85119912
网　　址:http://www.chlip.com.cn　http://www.wqedu.com
电子信箱:1012305542@qq.com

版权所有　侵权必究
如发现图书残缺请拨打读者热线联系调换

251658Y2C112ZYW

推荐序

自体心理学，自1971年科胡特提出系统的自体心理学概念至今，已经发展了近四十年。从最早受到传统精神分析界的质疑，到成为当代精神分析重要且众所赞同的一支，时间逐渐明证了科胡特思想的价值。自体心理学的共情、自体客体、主体间性、修复等概念，也全面影响了当代精神分析及心理动力学的理论进程和临床实务工作。

中国的临床精神分析从中德精神分析项目开始，至今经历了十多年的发展，由肖泽萍、曾奇峰、施琪嘉、吴和鸣、仇剑崟等前辈老师们的努力传播，精神分析正在当代中国社会开花结果。同时，随着当代中国精神分析与国际精神分析更深入的接轨，作为当代精神分析重要一支的自体心理学，也正获得越来越多的中国心理咨询师、心理治疗师的关注和学习。

本书可以说是目前为止最好的经典自体心理学的入门著作之一。精神分析初学者开始接触自体心理学时，如果上来就阅读自体心理学创始人科胡特的著作，如《自体的分析》、《自体的重建》、《精神分析治愈之道》等等，会感到十分吃力。科胡特本人在经典精神分析以及自我心理学中都有深厚造诣，而当时他所处的时代需要他向传统精神分析学者给出自体心理学的答复回应，所以初学者很容易因其著作中呈现出的多种精神分析观点与自体心理学观点的交错而迷惑，无法直接轻松理解和把握自体心理学的基本概念和实操框架。而本书则帮助初学者跨越了这一学习的鸿沟。两位作者是跟随科胡特多年的嫡传弟子，结合自己丰富的临床精神分析治疗和案例督导经验，用清晰的条理有力地阐述了自体心理学。所以我十分推荐希望了解自体心理学的同道阅读本书。

自体心理学，是站在对人类充满同情的人文立场来理解人性的。人性中的自恋需要，在科胡特的经典观点中被充分揭示和接纳，他提出自恋来源于人类的本性，它是人类生命意义及创造力的源泉，是一种自我珍惜的主体感受，它应该被充分尊重。同时，自体心理学关注的是，在自恋包容和同调的基础上"恰好的挫折"和修复的作用，因为原始自恋只有被恰好的挫折修正后才能够产生社会人际的适应性结构。所以潜意识到意识、情感的矫正经验两大技术，构成自体心理学临床工作的中道。因此，有人以为自体心理学是那种只共情而没有界限的"你好我也好"的疗法，其实是一种重大误解。

本书之前已有中国台湾译者翻译的中译本。但必须指出，如果从自体心理学的角度来看，台版书中那篇很长的中文导读，误导了许多人对自体心理学的理解。因为它误解了自体心理学本身的定位，把自体心理学仅仅作为自恋型人格障碍的疗法技术来讨论。从1971年初创自体心理学的理念来说，那或许是可以被接受的，但后来这一理念早已经被科胡特本人所修正（1978、1984）。自体心理学的基础理念是将人主体的自恋本性放在精神的核心位置来考虑人和精神分析工作的，因此它不局限于自恋型人格障碍，还包括对各种自恋疾患、神经症、意义空虚感等的讨论。

自体心理学当代的发展，已经超越了经典自体心理学相对静态的框架，在伍尔夫、史托罗楼等带领下正走向一个更新的当代精神分析方向，这是和主体间性这个概念的发展紧密相连的。它除了保留了对人性尊重的积极态度外，还反思了科胡特在经典自体心理学初见端倪但尚未有深入思考的领域，他们在研究心理治疗的动态互动过程、现象学、存在主义、实证研究等方面获得了很大的进展。史托罗楼的主体间性精神分析，也在很大程度上影响了当代最前沿的精神分析研究方向——波士顿变化过程小组的研究。这些都引导了我们对精神分析以及人类人性观点的未来展望。

徐钧
2012年11月18日于南嘉心理咨询中心

译　　序

　　从本科二年级（2005年）时起，"自体心理学"这个神秘的名词开始进入我的视线。之所以称其为神秘，是因为当时我国大陆地区关于自体心理学的书籍少之又少，记忆中，当时仅能从《现代精神分析"圣经"：客体关系与自体心理学》这类综述性质的介绍文字中管窥一二。读研究生时，在华东师范大学心理咨询中心接受咨询的训练与实习，在张亚师姐的推荐下，我接触到了中国台湾林明雄先生与林秀慧女士合译的《自体心理学的理论与实务》。虽然荐者大赞本书内容精妙无比、案例生动翔实、引人入胜，但是竖向的排版与略有些"另类"的行文让我最后不得不放弃了阅读。直到今年，当我有幸接到这本书的翻译任务时，才终于有机会静下心来将原文细细的品读，暮然发现，原来曾经有一本真正的心理咨询宝典放在我的面前，我没有好好珍惜……

　　为什么称它为"真正的"心理咨询宝典呢？因为在阅读本书的过程中，我总能从灵魂深处爆发出一种共鸣。在观赏作者对理论的细致解读与案例的生动描述时，时常会发现，自己在人生不同阶段中的一些内心体验的片段被赤裸裸地剖析、袒露了，似乎自己的内心从来没有被别人这样深刻地理解、触摸过，除了一种醍醐灌顶般的舒畅之外，更有对自体心理学模式下共情方式的欣赏与赞叹。传说中贴近体验（near-experience）的共情，原本是如此的感人、诱人，让人在一瞥之间已然欲罢不能。

　　这本书的每个章节都是由自体心理学的理论论述与个案讲解相结合而成，所以，不仅可以作为心理咨询专业人士的参考资料，也可以帮助那些想要寻求心理咨询的来访者和家属了解自体心理学流派的咨询和理论背景，从而更好地选择治疗，运用治疗。

当书稿翻译完成时，我一方面感到欣喜，另一方面又感到不安。欣喜的是很快就会有更多的人体会到我在翻译过程中曾经享受到的、通体舒畅的心灵按摩了；不安的是，很担心自己有限的文字水平无法完美地体现这本作品的精彩与美妙。如果读者朋友们在阅读的过程中发现了一些措辞欠妥或疏漏之处，敬请不吝批评指正，更希望你们能够透过我的拙笔，体会到作者的真诚与用心。

在翻译此书的过程中，我的儿子也从娇弱的小婴儿长成了一个满地乱爬的大宝宝，对此，我由衷地感谢我的家人，是你们的辛苦付出与无私支持，才让我可以没有后顾之忧地投入到此书的翻译中去。愿把此书翻译稿献给你们！

最后，要特别感谢南嘉心理咨询师部落的徐钧老师将此书推荐给我翻译，感谢中国轻工业出版社"万千心理"的阎兰编辑对我的大力支持。

祝每位读者都能够从本书中找到属于自己的一份收获与感动！

吉莉

2012 年 8 月

上海

序

当我被邀请为这本书写序时,我体验到了骄傲和愉快的情绪——骄傲是因为能与 Marjorie White 博士和 Marcella Weiner 博士这两位显然非常敏锐而有学问的治疗师有所联系,愉快是因为看到了这样一部文笔清晰的作品,他们在书中与同道分享了自己在理论与实践中的丰富知识。

相对于西格蒙德·弗洛伊德所遗留下来的丰厚财产,自体心理学是一位非常年轻的继承者,她的出现迄今为止也只有不到一百年的时间。与人类文明的数千年历史相比,精神分析及其后裔自体心理学的出现,只能算是人类对自身探索漫长的发展过程中新近的一个瞬间。海因兹·科胡特在二十年前出版了他的著作《论自恋的形式与转化》,我认为这个令人愉快的时刻完全可以被认定为自体心理学诞生的生日,尽管如果我们仔细辨别将不难发现,在科胡特早期的作品中已经预示了这一分支的出现。从那个时候起,关于自体心理学的论文和个案报告如潮水般涌现,该领域同道的书架上摆满了相关的资料。只是时至今日,我们才开始看到系统化的治疗总结,以一种全面并且易于理解的形式来对这门年轻的学科进行比较、关联与更新。

本书即是此类系统化作品的极佳例证。这并不意味着每一位自体心理学家都必定同意这本书中的每一句陈述,事实上,我就发现自己有时候会与作者在治疗的热忱程度上有所差异,比如,在我看来,如果采用一种更为谨慎的等待与观望的态度,可能也会得到有关自体心理学的治愈力的足够证据。但是,这种差异更多是风格上的,而非实质上的。我相信,如果海因兹·科胡特看到这本书,一定也会持欢迎的态度,所以,我想我们也都应当如此。

Ernest S. Wolf,M. D
1982 年 12 月 15 日
Winnetka,*伊利诺伊斯*

前　　言

我们撰写此书的主要目的，是为那些已经在使用或者计划使用已故的海因兹·科胡特（Heinz Kohut）关于自体心理学概念的专业人士，如精神分析与心理治疗工作者提供一些洞察和指导。通过对理论与实践的整合，我们从自己的治疗经验中提供个案素材，向人们展示如何将自体心理学运用到各类来访者身上，其结果不但使人受益，而且令人振奋，有时还充满着惊喜。

我们试图向读者展示如何将共情作为一个科学的工具来使用，以帮助来访者把原本枯竭的环境转变为能够促进其核心自体成长的土壤。我们也用例证来说明在治疗的不同阶段，没有与来访者达到同调（unattuned）的治疗师是如何用失败的共情重新唤起来访者过去毁灭性的体验的。治疗师对来访者的理想化移情持接纳的态度，不表现出尴尬，不做"现实"的批判，是帮助来访者修复其儿童时期因照料不周而累积起来的自尊缺陷的方法之一。

如果我们能努力地进入来访者的经验世界，不带先验的"成熟道德"假设，比如，对超独立的渴望和很高的道德标准（Kohut，1979），那么我们就能自由地探索，帮助来访者超越古老的夸大性自体，进入具有建设性的健康自恋的方法。当代脑研究的证据也证实，自尊与完整的免疫系统具有正相关。

攻击性被解释为一个人在出生时因为处在没有反应（nonresponsive）的环境而产生的分解产物（disintegration product）。这个概念假设，愤怒的婴儿从自己的角度来看，有其愤怒的理由，因此，他的愤怒不是在表达那种天生的、无论如何要宣泄出来的攻击驱力。我们可以通过共情探索这种攻击性，了解环境（包括治疗师）是如何的缺乏反应，这样便开启了缓解破坏性攻击的可能性，这不仅是对个体而言，也是对他所生活的世界而言。举例来说，可以把国家之间的对立理解为对缺乏反应的环境（如，一个威胁完全毁灭的环境）做出的可以理解的反应，而不是把它看作可以预期的、驱使人类走向核毁灭的内驱力的释放。一旦我们把另一个个体或团体的反应理解为缺乏共情时可以预期的反应，便有可能出现一种更为敏感的反应，帮助人们弥补差异，否则，这种差异往往会把可能的同盟转变为完全的陌生人。

考虑到心理治疗带给我们的快乐，本书最后一章描述了我们对工作的热情，以及我们的成就感是如何反应到来访者的正向情感体验中去的。

在有关创伤状态的那一章节，我们聚焦于创伤的起源以及缓解创伤的治疗方法。所谓创伤状态，包括失态（faux pas）、退行性心理经济失衡（regressive psychoeconomic imbalances），以及消极的治疗反应。治疗方法有对创伤的共情性接纳，通过与治疗师建立良好的自体客体关系来内化良性的自我抚慰（self-soothing）。

在关于老年人及儿童虐待的特殊问题的章节中，我们刻画了这样一个观点，如果对人性的理解不再局限于内驱力的解释，就能让人们把人看作具有创造性的可爱的人。这也包括在第七章中所表达的，把对自己子女的关怀扩展到对整个下一代的关怀，并希望下一代找到他们自己的道路。这种可靠的、持续终身的关怀与内驱力的假设形成对比。内驱力假设亲子间具有谋杀性的竞争，没有留任何空间让父母以子女的成就为荣（包括性的成就），或是子女对需要帮助的父母给予成熟的关怀，至少协助他们建立"新的"退休生活。

本书旨在展示，自体心理学理论在治疗师与来访者之间的治疗性互动中具有长远的效果。治疗师对来访者感受的持续关注尤为重要。为了达到充分的同调（attuned），有必要探索治疗师因其主观结构而无法避免的失败，如，他的自体状态干扰了他对于来访者特殊的自体状态的共情性理解。我们建议，为了重新获得与来访者感受的同调性，治疗师要理解他自身的盲点，并且要将这一发现的影响以适当的方式告知来访者。

最后，我们把这本书推荐给希望自我实现的读者们，当然包括来访者，但同样也献给作为治疗师的我们自己。在我们的经验中，自体心理学表明治疗师不必纠结于难以驯服的婴儿期驱力，相反，它唤醒人们去创造性地使用我们每个人与生俱来的核心自体（nuclear self）。

目　　录

导论 ··· 1
　意识的开端 ··· 1
　爱或者不爱自体 ·· 2
　自我的功能与自体 ··· 4
　对于有反应的环境的需要 ·· 6
　社会因素与自体 ·· 7
　严重疾病的希望 ·· 10
　共情对应激和免疫系统 ··· 11
　克服差异的壁垒 ·· 14

第一章　自体心理学基本概念概览 ···································· 17
　哭求认可 ·· 18
　自体破碎 ·· 19
　原发性自恋中没有"我-你" ·· 20
　夸大性自体 ··· 20
　理想化的父母影像 ··· 22
　镜映需要 ·· 25
　共情需要 ·· 26
　自体客体 ·· 26
　负面治疗反应 ··· 27
　攻击性是一种分解产物 ··· 28

案例简述 ·· 29
　　　　对于释义没有明确的反应 ······················ 30
　　　　自体心理学模式的一些困难 ···················· 30

第二章　自体心理学视角下的攻击性 ················ 33
　　对不同调的攻击 ·································· 34
　　心理治疗的自体客体模型 ·························· 35
　　攻击性如何消失 ·································· 36
　　健康的肯定 ······································ 37
　　科学显示并不存在攻击驱力 ························ 38
　　治疗环境 ·· 39
　　案例简述 ·· 39
　　　　往俄狄浦斯式释义的拉力 ······················ 40
　　　　夸大的护士 ·································· 41
　　　　病人变得闪烁其词 ···························· 43
　　　　吓人的飞行之旅 ······························ 44
　　　　无助之痛 ···································· 45
　　　　孪生关系 ···································· 46
　　　　一次关键的面谈 ······························ 47

第三章　共情与自体客体 ·························· 49
　　有影响力的观察者 ································ 50
　　共情还是不共情 ·································· 51
　　满足 ·· 53
　　　　外科医生还是热情的医生 ······················ 54
　　　　给病人什么 ·································· 54

共情与内化	56
成熟的道德如何干扰共情	57
案例简述	57
童年期残疾的创伤	58
道德成熟的治疗师对自负	60
共情与诊断	61
病人想去哪里？	61
案例简述	62
替补治疗师的危险	63
病人对发展受阻的恐惧	65
对不敏感说不的权力	66
充当继母角色的治疗师	67
作为满足感来源的治疗师	68

第四章　夸大性自体：暴怒或成就的源泉　　71

自恋性暴怒：对于完全控制的需要	73
夸大性：保证对无助	74
对赞誉的需要	75
自我感觉良好的权利	76
躯体化的可怕之处	78
对自体的暴怒	78
因生理上的不完美而产生的自体-暴怒	79
父母对疾病的愤怒	80
病人对治疗师的暴怒	80
案例简述	82
镜映失败与失去事业	83

　　　　纵向分裂 ………………………………………… 84
　　　　将治疗师内化 …………………………………… 85
　　处理自恋性暴怒 …………………………………… 86
　　夸大的神 …………………………………………… 87

第五章　理想化 …………………………………… 89

　　母亲与父亲都可以被理想化 ……………………… 91
　　案例简述 …………………………………………… 92
　　　　性潜伏期的乱伦 ………………………………… 93
　　　　进一步的幻灭 …………………………………… 94
　　　　有限制的契约 …………………………………… 95
　　　　孩子和迷失的少妇 ……………………………… 96
　　　　感受比原因更重要 ……………………………… 97
　　　　共情和理想化 …………………………………… 98
　　　　咄咄逼人的病人 ………………………………… 100
　　　　共情的力量 ……………………………………… 101
　　　　对信任别人的恐惧 ……………………………… 102
　　　　性等同于关心 …………………………………… 103
　　　　对病人童年可怕的重复 ………………………… 103
　　　　病人的空间在哪里？ …………………………… 104
　　　　把杂乱的空间收拾整齐 ………………………… 105
　　　　病人得到了她的空间 …………………………… 106
　　　　对依赖的担忧 …………………………………… 107
　　　　触及病人对她儿子的感受 ……………………… 107
　　　　对需要儿子的防御 ……………………………… 108
　　　　开始接纳病人的感受 …………………………… 109

罗萨莉儿子的重要性 ……………………………………………… 109
　　　被理想化了的治疗师 ……………………………………………… 110
　治疗师与病人之间的流动：寻找那失去的偶像 ……………………… 110
　睡眠障碍与缺乏安慰 …………………………………………………… 112
　　　如何发展出自我安慰 ……………………………………………… 112
　　　自我功能与发展 …………………………………………………… 113
　　　转换性内化 ………………………………………………………… 113
　创造力与理想化 ………………………………………………………… 114

第六章　核心自体的第三个机会：通过孪生获得三极自体 …… 117
　上位自体 ………………………………………………………………… 118
　孪生的喜悦 ……………………………………………………………… 120
　案例简述之一 …………………………………………………………… 122
　　　因为死亡而失去孪生 ……………………………………………… 122
　　　信任的壁垒 ………………………………………………………… 123
　案例简述之二 …………………………………………………………… 124
　　　病人的梦 …………………………………………………………… 126
　　　补偿结构的出现 …………………………………………………… 127
　　　核心自体的孪生补偿结构 ………………………………………… 128

第七章　代际连续性对惩罚性内疚 ……………………………… 131
　一个令人惊奇的提议 …………………………………………………… 132
　案例简述 ………………………………………………………………… 134
　　　一次镜映移情 ……………………………………………………… 135
　　　病人感到自己被倾听了 …………………………………………… 136
　　　对无助感的共情 …………………………………………………… 137

吓人的抱负 ·································· 137
　　对于全能的需要 ···························· 139
　　关怀的恐龙 ·································· 140
　　治疗师和妻子的反应 ······················ 140
　　对自恋性暴怒的恐惧 ······················ 141
　　治疗师早该知道 ···························· 141
　　权威人物和自尊 ···························· 142
　　来自父亲的夸大 ···························· 143
　　释放闭锁在夸大性自体中的能量 ······ 143
　　失败的同调 ·································· 144
　　一个完美主义但是很有爱的目标 ······ 145
　　内化治疗师 ·································· 145
　社会环境的影响 ································· 146

第八章　创伤状态：过多、过少或是错误的反应 ·········· 149
　案例简述：我怎么可能做了这件事？ ············ 151
　　病人感到自己面临危险、没人保护 ··· 152
　持续地失态 ·· 154
　案例简述：在迎宾列队的尽头 ·················· 155
　自体状态的梦 ····································· 159
　案例简述 ··· 160
　　脆弱的核心自体 ···························· 161
　　拯救核心自体 ······························· 163
　负面的治疗反应 ··································· 166

第九章　特殊人群 ... 171

治疗虐待儿童的人 ... 172
案例简述 ... 173
　　施虐的母亲没有得到过真正的镜映 ... 173
　　脆弱的自我价值感导致施虐 ... 174
　　对于共情性回应的需要 ... 175
　　表达攻击性，是增强自体反映的需要 ... 175
治疗老年人 ... 177
案例简述之一 ... 178
案例简述之二 ... 181
团体和老年人 ... 184
　　介绍老年人加入团体 ... 184
　　作为多重自体客体的团体 ... 185
　　结案 ... 186
晚年：一个转型的年龄阶段 ... 187

第十章　心理治疗的欢乐 ... 191

治疗师做些什么？ ... 192
人性化 ... 194
关联我们的欢乐 ... 195
情感是自体的核心 ... 196
情感是内在的联接 ... 197
案例简述 ... 198
　　来自一位心理治疗师的生活：猫女神的阴影 ... 198

索引 ... 213

导　论

有一种方法敏锐地聚焦于个人的自体（self），认为自体是个人体验与发展的可能性的决定中心，这是已故的海因兹·科胡特理论取向的精华。

科胡特是一位杰出的精神分析师，是美国精神分析协会前任主席。他最初致力于开发一套用于治疗原本无法治愈的病理性自恋（pathological narcissism）问题的理论与技术方法。在这个过程中，他检验并清晰地阐述了自体心理学（self psychology），并认为它将带来传统的精神分析理论和自我心理学（ego psychology）理论与技巧的变革。

意识的开端

自体的概念长期以来被人们所忽视。在提到一些像科胡特一样关注自体的理论家之前，我们认为提及一个主要的心理人类学（psychoanthropological）问题很重要，即杰尼斯（Jaynes，1976）提出的，自体在人类舞台上的出现。他写了一本书，名为《在两院制心灵瓦解之际的意识起源》（*The Origin of Consciousness in the Breakdown of the Bicameral Mind*）。这本书写于科胡特的先驱作品《自体的分析》（*The Analysis of The Self*）之前五年，作者认为古代人没有自体，全能的神通过幻听来指导人类的意愿和主动性。

根据考古学证据和古代经典著作（如《伊利亚特》），杰尼斯得出一个结论，在第三或第二个世纪之前，没有证据表明人类具有意识加工过程——个人意识到这个世界的主观觉悟。"两院制心灵（bicameral mind）"的概念，即是接受神的指令以及心灵的一部分顺从地执行指令。这一概念随着人类大脑的进化、人类意识的逐步发展而瓦解了。公元前560年,在古希腊伟大的法律制定者所罗门王的时代,"认识你自己"成为了一个首要的主题,而这在荷马的时代是难以想象的,估计在公元前12世纪至9世纪,这个主题已经传遍各处。

然而,随着新的自体意识在这几个世纪中的出现,两院制心灵的一部分与自体觉知(self-awareness)相融合。科胡特有令人印象深刻的临床记录,这与杰尼斯的理论相距甚远,他记录了人类婴儿期无意识夸大性自体的概念,其特点为全能的神一般的指令,如果未得到满足,将激起自恋性暴怒以及对冒犯者毫不留情的报复。作为临床治疗师,我们痛苦地熟知这类病理情况,边缘性及精神病性患者明显具有此症状,同时在自恋性人格障碍患者身上这种病症也有微妙的体现。

爱或者不爱自体

杰尼斯关于历史上较晚出现的自体意识进化理论,可以用来解释为何精神分析师和心理学家对自体的概念缺乏兴趣这一谜题。弗洛伊德(Freud, 1905, 1911, 1914)对过度重视爱的客体(love object*)持怀疑态度,但他也警告人们不要太过关注自己。在舒瑞波(Schreber)的案例中,他视"自大狂……为对自我性方面的过度重视"(1911, p. 65)。

在弗洛伊德1914年的论文《论自恋:导论》(On Narcissism: An Introduction)中,他似乎温和了一些,不再将正常的自恋定义为倒错,而视其为每种生物在原始生命力层面本能的自我保护。然而,在他的《婴儿陛下》(His Majesty the Baby)(《论自恋:导论》,p. 91)中"无所不能"的原发性自恋(primary narcissism)很快转变为对客体的爱,弗洛伊德将其视为为了提升自己的自尊感,既拥有所爱的人同时又被爱的需要。如今的经典精神分析师一定会将此视为对关注的自恋性需要。然而在1914年,弗洛伊德认为,这种"快乐的爱"相当于一种早期的状态,在那种状态下,对客体的爱和自我力比多没有差别。从精神分析发展

---

* 也有译作称之为"客体爱"。——译者注

心理学的优势观点来看，如今这种无差别将被视为退化至婴儿期的共生状态。

对于是否可能有效治疗病理性自恋，弗洛伊德持悲观态度，因为他发现此类患者无法发展出传统的移情性神经症。当他认为客体，即他人，是一个完全分离的存在时，他也交替使用自我（ego）和自体（self）这两个术语。他对于自体和自我的混淆让人想起了杰尼斯的理论。

鉴于弗洛伊德对于自体如此模糊的定位，哈特曼（Hartmann，1950）的立场令人惊讶，他给予自体与客体隐含的平等位置。他指出，弗洛伊德时常交替使用这两个术语。哈特曼强调，与客体相比，自体暗含了一个人自己或者身体。而他坚持认为，自我是精神系统的一个亚结构，因此，自体投注（self-cathexis）与客体投注（object cathexis）正是相反的。他指出，当我们说自我投注（ego cathexis）已经替代了客体投注，我们的意思是说对自体的爱，或是自体投注的一个"中性形式"，已经替代了客体投注。当我们说力比多已经被撤回到自我，我们的意思是已经被撤回到了自体。

本书的资深作者在她早期的论文（1980）中指出，在这看似简单的术语变化中，哈特曼建立了自体表象（self-representation）的概念，将其作为自我的内容。这位资深作者同时还指出，这个变化的意义似乎非常深远，不仅与自恋有关，同时还涉及内化和认同过程。在这样的联系之下，自体表象的概念暗示了，在心理上能从他人那里"吸取"的内容必须与对核心自体的觉知（self-awareness）相似，或者是核心自体觉知的延伸，即认同过程不是在没有自体的空白屏幕上完成的。比如，一个热爱音乐的孩子不太可能认同一个音盲的父母。这个观念可以被认为是科胡特核心自体概念的前身。

哈特曼在1952年首先引入了客体恒常性（object constancy）的概念，并且暗示它一定隐含着自我的某种性驱力与攻击驱力的中和（neutralization）。但是，他在此处没有暗示自体恒常性是一个对等的概念。不像他在1950年时所做的，他当时提出自体表象这个术语可以被"反过来"使用，即"客体表象"，真正聚焦于自体表象与客体表象的分离。这个反向的术语清晰地暗示了，与客体相比，自体的需要与渴望之间的冲突。

自我的功能与自体

或许是预示着科胡特于 1959 年提出的自体心理学，而且，学术界内对于自体概念进行充分研究已形成一个日益增强的趋势，伊迪斯·雅各布森（Edith Jacobson, 1954）认为"正常的自我功能预设了一个充分的、分布平均的、持续的、原欲投注（libidinous cathexis）的客体表象和自体表象（p.94）"。从这个观点出发，自体评估，甚至对自体的爱，都被置于与客体评估和对客体的爱同等的高度上。弗洛伊德和哈特曼对这一可能性从未做过满意的认可，甚至不认为其具有可能性。本书的资深作者在 1980 年就已指出，雅各布森观点的意义在于，将原欲投注平均地分布于自体表象和客体表象，我们就可以正常地爱我们自己，与爱他人一样多。与弗洛伊德的爱的经济学相比，即认为处在爱中的人自尊感将降低，更多地关注于爱的客体这一观点，雅各布森认为，健康的自尊是持久的爱的基础。

雅各布森在一次对一位自我心理学家少见而郑重的认可中强调，想要在原欲层面接近一个人，不仅要过高地评估那个人，如，高度投注（hypercathexis），还要同时激起"原欲对自体表象的高度投注，这将推动并确保行动的成功"（1954, p.94，加了强调）。

雅各布森认为，这样高度的投注将会涉及人体的器官和相关的身体部位。整个自体也将被高度投注，触发更强的自信，从而刺激所涉及的执行器官和行动。增强自信这一概念是成功的客体关系重要而基本的方面，也再一次自然而然地强调了健康的自恋是成熟的客体关系不可或缺的要素。

雅各布森（1954）描绘了一个现实的自体的概念，一个可以反映我们身体及精神自我的状态、潜能、能力和限制的自体。它可以指一个人的外表，包括其解剖学结构，以及意识和前意识的情感、愿望、渴望和态度。除了所有这些具有明确特征的精神表象之外，"一个包含它们的总和的概念，即一个已经分化同时又组织完好的自体将会同时发展。"（1954，pp. 86-87）。

雅各布森这一或多或少具有恒常性的自体概念与哈特曼对自体表象的定义形成鲜明的对比。哈特曼将自体表象勉强定义为区分这些精神现象与客体表象和自我的一种方法。雅各布森对于现实自体概念的描绘，包括以镜映（mirroring）作为确立稳定的自体表象的因素这一观点，可以被视为业界这二十多年来对于自体和自恋的强烈兴趣的先驱。

科胡特在临床上将"上位自体（supraordinate self）"概念化，同时修正了驱力理论。他注意到，当个体为了寻求快乐或是毁灭而努力时，不论过程中有何种冲突，"就有可能在觉察到一个成为了上位结构的自体，当然在这个组织中同时还包括驱力（以及/或者防御），这个自体的重要性将超越其所有部分的总和"（1977，p. 97）。

据我们所知，尽管科胡特从未在这条有关上位自体的定义上做过任何扩展，我们相信，这个概念暗示着中心核心自体（the core nuclear self）将充分发展（他相信儿童在一出生时便已具有）为成年人的内聚性自体（cohesive self）。而后者有可能会引导个体所获得的更高形式的自恋，同时参与到性与肯定需要（assertive needs）的满足中去。

"自体客体（selfobject）"是一个重要的相关概念。它被体验为自体的一部分（科胡特，1971，p. xiv），它组成了一个人从出生起就需要的有反应的环境，以确保核心自体能够可靠地发展为成熟的内聚性自体。内化一个稳定的自体结构需要自我抚慰（self-soothing）的经验，如果没有意外，父母往往会成为这一经验的提供者。由于父母的过失，治疗师常常必须成为来访者那个缺失的自体客体。

科胡特最勇敢也最具发展性的贡献之一，就是他对于攻击性的观点，他没有将攻击性视为需要释放的天生驱力，而是将其视为在回应无反应的环境时产生的一个分解产物，这种没有反应的环境抑制了婴儿核心自体的发展。

巴史克（Basch，1984）将当代神经生物学、人种学和控制论的研究发现带入了精神分析的自体心理学中，使人类卸下了具有天生攻击驱力这一概念的重担，这种攻击驱力曾被认为在最好的情况下也只是被驯服。在这些研究中没有发现人类具有攻击驱力的证据，正如巴史克所指出的，弗洛伊德的理论只是一种思考，然而不幸的是，后继者们却将其变成了一种教条。

对于有反应的环境的需要

从事婴儿研究的工作者从一个非驱力（driveless）的视角出发，运用最新的图像技术检视母婴互动，发现从子宫中诞生的婴儿不是消极被动的，也没有攻击性，但是他们会寻求自体客体的互动。托品（M. Tolpin, 1984）指出，互动中的婴儿回应母亲的能力令人印象深刻，他们不仅寻找食物，还会寻求各种情感的认可，并且会在从无刺激环境中沉入无反应状态之前就以各种方式尝试得到这种情感的认可（Anthony, 1984; Beebe & Stern, 1977; Lichtenberg, 1979; Sander, 1975; Stern, 1977; Spitz, 1957, 1965）。

早些时候，托品强调了需要从自体心理学的角度对亚历山大（Alexander, 1956）的"矫正性情绪体验（corrective emotional experience）"加以重新考量。在面对羞辱、失望，甚至是自体的失败时，儿童具有令人印象深刻的恢复能力，对此，托品引述了一个5岁儿童迈克的案例。尽管迈克常常跌倒，膝盖摔得青紫，自尊心受挫，但在他父母持续的鼓励下，他仍旧痛苦地学习着溜冰。幼儿园的老师带着全体孩子去溜冰场，尽管父母都不在，迈克依旧热情高昂。但是，当他回到家时却情绪低落。母亲问他发生了什么事，他眼泪汪汪地回答，他的脚部动作不对，无法站在冰上，这让他感到很丢脸。他的母亲回应得很积极，继续问他可能是什么原因，因为他过去溜得很好。迈克难过地说："你们当时没在那里看着我。"

托品指出，"在那个时刻，他的自体客体所缺少的坚定功能，与他自己的脚踝和他的整个自体体验中所缺失的坚定感是一体的，两者是同样的东西"

（1983, pp. 364-365）。托品所说的"矫正性发展对话（corrective developmental dialogue）"（p.366）展示了自体-自体客体单元是如何起作用的。当自信的5岁男孩因为仍旧需要自体客体的镜映光芒而暂时性崩溃时，他同样可以因为再次得到支持而重整旗鼓。

马勒等人（Mahler et al., 1975）在观察儿童与母亲的互动时发现，当关注于婴儿的运动时，她和她的同事有时可以看到情感运动原初状态的自体原欲化（self-libidinization），这也许是"身体-自体（body-self）"感受整合的准备状态"（p.221）。在现实生活和影像资料中都能看到以下片段：

当身边围绕着心怀欣赏的、原欲镜映的（libidinally mirroring）、友善的成年人时，5~8个月大的婴儿似乎被这种镜映的欣赏所充电并且刺激。这从他极尽所能兴奋地踢腿和挥舞手臂的动作，以及在充满得意与愉悦的情绪下伸展身体的动作中可以明显看到。我们相信，这种对其身体-自体明显的触觉运动刺激能够促进其身体形象的分化和整合（Mahler, 1975, p.221）。

社会因素与自体

科胡特对于塑造人类自体的、引起心理变化的因素有自己的观念，从这些更为宽泛的观点中，我们可以瞥见他对于无反应环境的概念。科胡特得出一个结论：20世纪不断变迁的社会环境深刻地影响着人类的自体体验，这个结论不仅来源于临床证据，还来自于诗人、艺术家、戏剧作品和文学作品，如，奥尼尔（O'Neill）、毕加索、普鲁斯特或是卡夫卡等人的作品。因此，无法从充满关怀的自体客体处得到足够的刺激，导致了自体的破碎、内在的空虚以及方向的迷失。结果，越来越多带着自体病理的人们前来寻求治疗，对他们来说，俄狄浦斯问题没有多大的意义，因为他们的核心自体需要发展。

果斯坦（Goldstein, 1984）强调，觉察到引起心理变化的环境对子女与其父母的影响，这一点非常重要。果斯坦对自我心理学及其对心理治疗的思考与实践的影响做过令人印象深刻的总结，他说道："研究者们整合不同种族、民族、社会阶层及生活方式的差异的知识，将其用于理解正常的自我发展以及应对与适应过程，很重要的一点是，整合知识的工作需要更加系统化。"（p. 273）果斯坦指出，自我心理学理论的改变（这里假设可以包括自体心理学的发现）也许会积极地影响如今在女性、非裔人、同性恋者，以及西班牙后裔等人群身上发现的"反自我（anti-ego）心理学和反临床偏见"，这些人感到自己的差异被"不公正地"描述为心理疾病。

爱丽丝·米勒（Alice Miller, 1983, 1984）记录了社会在认识儿童的发展需要这件事上有相当令人难以置信的失败，尤其是如今人们通过婴儿研究和自体心理学的概念而有所了解的。米勒虽然没有明确声明，但他确认了科胡特（1979, p. 12）的概念，科胡特认为社会能通过引起心理变化的因素来塑造自体，包括"成熟的道德（maturity morality）"。正如科胡特所指出的，后者牺牲了人类显而易见的对于共情性回应的需求，取而代之以近期出现的一些价值观，如自主独立与科学知识。

米勒展示了毫不妥协的养育方式以及"有毒的教育"是如何要求下一代表现得像个小大人。几乎从脱离母体开始，就非常强调对于情感的全面控制以及虐待式惩罚，包括对儿童的失败进行体罚。米勒相信，要克服病人成年以后的病态受虐与自我放弃，唯一的方法就是帮助他们意识到自己过去受到的来自父母或其他权威角色的虐待。关于科胡特对驱力的可分配性的立场，以及他对于自恋（也就是"自体状态"）议题重要性的认识，米勒（1984）做过以下陈述：

> ……分析师开始对自恋需要（如被尊重、被镜映、被理解、被严肃对待等）产生兴趣。这非常清晰地表明，以往人们认为与驱力有关的大部分渴望如今已经得到更充分的理解……比"俄狄浦斯"这个词语更能加以充分地说明。（p. 146）

安娜·欧斯坦（Anna Ornstein，1984）在与科胡特合作的过程中反复强调，自体心理学的方法必须以共情开始，努力尝试了解患者复杂的情绪。只有当治疗师成功地通过这种共情将自己的自体建立为病人需要且接受的自体客体时，他才能冒险进行下一步的解释。欧斯坦坚称，治疗师内化为病人的自体客体使得病人得以体验和表达被否认的情感，分析师运用病人自己的历史来"解释"他的压抑。这补充了科胡特的观点，即共情之后的解释能够增加病人对自己及其需求的客观性（Kohut，1984）。

在欧斯坦引用的案例中，那个男性患者认为他需要激惹治疗师，以此让她帮助自己表达内心深处埋藏的愤怒。通过共情，她得以进入他隔离的情感，他父母对他所有情绪的不敏感是他情感隔离的基础。其中包括在他11岁被送到寄宿制学校时的思乡病。他一直不能对他的家人表达这种感受，因为早些时候，他感到他们从不关心或者倾听他的感受。是分析师对他从未被关怀过的情绪以及从未被倾听过的心声做出的共情，发掘出了他内化一个有反应的自体客体的持久能力。

保罗·欧斯坦（Paul Ornstein）将科胡特的论文及信件收集到一起，编辑成两册《自体的追寻》（1978）。此举吹响了一声号角，号召人们去理解自体心理学作为通向健康与创造力的新方法的潜力，即使是在面临核威胁的时候。1978年，在芝加哥举办的首届自体心理学国际会议上，欧斯坦强调，科胡特的方法造就了"一个新的范式"，为"健康与疾病的新概念"提供了语境（p. 138）。欧斯坦指出，通过重新激活古老但仍旧健康且具有适应性的夸大性自体以及（或者）重新激活通过自恋性移情进行理想化的能力，科胡特发现了"唯一一个在精神分析中产生成熟与发展的方式，尽管这种成熟与发展是迟来的"（p. 138）。

欧斯坦也指出，"自体客体环境"的概念，与它在自体结构的构建以及成功的精神分析中具有的功能，以一种新的方式连接了"外部现实"（即社会文化环境）的影响与健康和疾病的状态。对健康与疾病的内在的、发展——起源上的决定因素，与自体客体的概念和现存的心理社会的决定因素这两方面的整合，提供了一种"有关适应的更高层级的概念，这把蕴藏在核心自体中的创造性行动的内在模式解放出来,置于这个概念的中心"的可能性(pp. 139-140)。

在上述联系中,欧斯坦指出,科胡特极力主张一个比精神失衡这个具有局限性的概念更为宽泛的见解。事实上,欧斯坦指出,科胡特极力主张心理困扰不应该被特别地视为一种疾病,而应该被视作"人在寻求新的精神平衡之路上的一个驿站"(科胡特,1978b, pp. 538-539, 加了强调。)欧斯坦(1978b)强调了科胡特对于"适应性解决方案"的提议,那也许对于确保人类能在一个过度拥挤且笼罩在核威胁阴影下的社会中存活下去是必要的。我们要记得,这样的解决方案涉及更大、更强的内心生活,包括"快活的创造力(that playful creativeness)",而这创造力也会快乐地转变为带有"肯定生活的主动性(life-affirming initiative)"的新情景(p. 156)。

阿诺德·高伯格(Arnold Goldberg)也是科胡特早期亲密的同事,他在为《自体心理学案例集》(1978)所写的导论中指出,在书中所总结的六种自体心理学分析的结案模式中,获得"自恋的转化"被标示出来,这一做法与科胡特所预期的,成熟的夸大性与对治疗师的理想化将导致更高形式的自恋不谋而合。高伯格指出,这种症状可以在那些如今享受生活、拥有价值感和重要目标的患者身上观察到:"有些人说,至少他们能独立工作,另一些人报告他们有生以来第一次感到真实,或者还有一些其他人则显示出坚实的自体感受……我们对于这些新发现的未来成果相当乐观,并且相信,迄今为止,我们只不过探索了表面的内容"(pp. 10-12)。

严重疾病的希望

根据布兰德沙夫特和斯多勒洛(Brandschaft & Stolorow, 1984)的看法,治疗师坚持认为患者对自己的不快乐或者失败的存在状态负有责任——比如,认为那是患者的婴儿化性欲和攻击驱力无意识地主宰了他的生活,并且造成了混乱——会引起边缘性甚至精神病性的反应。运用科胡特的共情方法,他们发现有一个被诊断为边缘性人格障碍的患者,当他感到自己古老的主观状态被治疗师共情地理解了,他就能够与治疗师建立他所需要的特定的自体客体联结。换句话说,共情的自体心理学方法似乎为拯救那些最为严重的病理情况提供了一个可能的途径。

斯多勒洛强调,"一种病理情况是防御内在心理冲突的产物,另一种病理情况是防御在早期阶段发育停止的残余,两者有重要区别……"(Stolorow & Lachmann, 1980, p.5)。他还指出,这种理解是用于阐明一系列迄今为止还主要是从内在心理冲突的角度来看待的临床问题。

卡恩(Kahn, 1985)曾努力将科胡特的自体心理学与卡尔·罗杰斯的人本主义心理学相联系,期望治疗师更多地考虑自体建构(self-structuralization)的重要性,并且希望治疗师在培养此类自体凝聚(self-cohesiveness)时更多地使用共情。

卡恩指出,罗杰斯在早于科胡特之前几年就看到了心理治疗氛围的重要性,认为它是成长最为重要的促进因素,包括"共情、尊重、对个人的关怀和珍视、治疗师的真实无伪"(Kahn, 1985, p.903)。卡恩指出,科胡特"独立地,通过他对精神分析内省方法的投入奉献,发现了接受分析的患者对于自体客体的需要的重要性"(p.903)。他引用了沃尔夫(Wolf, 1983a)的表述,沃尔夫强调"那些忽视患者对分析师感受的标准已经不再能够用来定义一个客观中立的分析了,无论患者感受到分析师是或似乎是支持他还是反对他……"(p.499)。

共情对应激和免疫系统

在共情体验对于身体的基本防御——免疫系统的有效作用方面,大量科学证据的出现令人印象深刻。研究者也发现,攻击体验带来的应激所具有的破坏性效果与免疫系统有关(Ader, 1981; Goldberg, 1981; Pelletier, 1977)。

越来越多的证据表明,若有一线生机人们便会努力生存下去,我们必须要问，是什么激发起了人们努力存活的动力，甚至在他们身处集中营或是遭到核炸弹袭击时。上文所引用的作者们的发现可以证实，感到还有人关怀自己的那种感受，在最基础的层面上，包含了一个坚定的信念，即有一个人真的关心我是生是死。我们相信这是共情的基础。早期经验中父母的不敏感，伴随着后来的相似经验，加强了患者在面对一个不共情的社会，一个不共情的医疗机构，以及太过常见的，不共情的心理治疗机构时，那种没有指望的信念。

在个人感受（包括自体感受）与致命疾病后果之间的关系上，医学上有越来越多的疑问，赫伯特·斯佩克特（Herbert Spector）是一位神经生理学家，他曾在美国国立卫生研究院（National Institutes of Health，NIH）工作，这里将他的话引述如下：

古人早已了解，患者自身的态度对其康复非常重要，但是现代医疗却将其视为微不足道的小事。新的研究澄清了这一问题。态度事关重大。（纽约时报，1985年10月22日，p. C1）

我们必须意识到，有越来越多的证据显示，共情体验对疾病的治疗有正面作用——比如癌症和心脏病。诺曼·可辛斯（Norman Cousins）经历的两个事件戏剧化地展示出支持性环境对于患者从严重的疾病中康复起着至关重要的作用。在1976年，诺曼似乎患上了一种无法诊断的疾病（后来被发现是胶原病*），他自己离开了令人沮丧的医院。他觉得医院里不停地抽血让他变得更虚弱了，而且医院里的人对他所患的疾病几乎是持一种责备的态度，让他感到自己得了绝症。当他回到家里，他从家人那里得到了他所需要的支持性关爱、逗趣的录像以及他惯常的健身锻炼。他的身体开始康复，于是他写下了自己的经历（Cousins, 1979）。

七年以后，可辛斯再一次"挽救"了自己的生命。在一次严重的心脏病发

---

* 一类结缔组织病变的病症，该类病症的表现为身体所有脏器的血管和结缔组织都发生病理变化。——译者注。

作之后，他发现医疗机构令他感到焦虑，他拒绝接受一项他认为会要了他性命的心脏血管搭桥手术。再一次，他坚持通过自己锻炼、节制饮食以及适当工作来治疗他的疾病。他又写了一本关于这次经历的书（Cousins，1983）。可辛斯在总结中写道："……医学治疗不应当只是寻求修复损伤和恢复生命的平衡，更要提高患者的生命质量，帮助患者克服无望感和无助感"（p. 236）。

从20世纪70年代开始，研究者在人类大脑边缘系统的下丘脑（汇集我们感受的目标区域）与我们的免疫系统之间发现了越来越多复杂的联系。西蒙顿（Simonton，1978）使用引导想象将意念聚焦于白细胞，以之摧毁癌细胞，获得了令人印象深刻的结果，尤其是患者在被诊断为癌症晚期后仍然存活了下来。

治疗师提供引导想象的方法，并加以执行，由此产生的希望似乎激活了免疫系统中摧毁癌细胞的那个部分。于是，我们似乎发现无助感（无论是在人类还是在动物身上）可以减缓免疫系统的运作，而感受到别人对自己的注意、关心和帮助则会激发免疫系统。

在关于丈夫在失去妻子之后相对较高的死亡率的研究中，这一发现得到了完好的记录（Hammer，1984）。当代对于老鼠的研究也显示，那些可以通过推压杠杆来停止电击，以此来抵消被电击后的无助感的老鼠，即使被注射了癌细胞，也没有患上癌症（Laudenslager，1983）。似乎是控制创伤体验的能力，而不是电击本身，避免了应激因素及免疫系统的崩溃。

对于应激的新的关注似乎与科胡特（Kohut，1982）最后的结论相一致，这个结论来自他与患者一起工作的经验，也得到了其他治疗师长期的确证：共情本身对于接受到共情的人具有好处和疗效。这个发现暗示了（最新的研究结果也支持）免疫系统在一个共情的、无压力的环境中最具有活力。因此，对于个人的身心最好的情况是，尝试去理解和关怀另一个人，并且能够从适当的自体客体身上寻找到同样的回应。

试着去共情另一个人，无论这个人可能是多么地令人不快、与众不同或是引发焦虑，这与因为对他人期望过多、有错误的期待而对自己产生幻灭感或自恋性暴怒有极大的不同。这种暴怒可能也包括了我们感到不被理解、不被关心或是不被尊重时，对这明显差异的愤怒反应。我们自身的夸大性和自恋性暴怒倾向，也显现于我们从一个冒犯我们的个人或团体或整个人群中撤离出来，仿佛他们从不曾存在过一般。

然后这种轻蔑的拒绝将以传统的逃跑或战斗的反应加以表达，如：这些人是如此没有希望、愚不可及、邪恶、堕落或是疯狂，简直无法以任何方式与之相处。结果，我们理所当然地表现得好像他们从来没有存在过，这是一种心理上的杀戮，或者攻击，其目的在于消灭，如：战争，包括核战争。这些反应会造成我们的无助感，当感觉到深陷于这些无助感中时，我们将不由自主地唤起一触即发的自主神经系统，而现在我们已经知道，这使得我们最基本的生命线——免疫系统失去了活性。

在科胡特的概念中，攻击是一种可以通过共情加以修正的反应，这让我们得以摆脱攻击的驱力概念。在那个概念中，人成为了虐待与受虐的战场，在最好的情况下也只是被驯服。攻击的驱力概念迫使人类处于一个危险而悲惨的位置，总是不得不抵挡破坏性的本能，这种本能一旦被释放，不仅可以摧毁个人，还能毁灭整个地球以及人类大脑进化的成果。科胡特的攻击概念，如果得到人们的理解并被广泛使用，将能打开一扇通向新时代的大门，不仅促进个人成长，而且有利于群体的深刻改变。

克服差异的壁垒

科胡特（Kohut，1982）在他过世前所写的最后一篇文章中强调，他相信两代人之间的延续性与相互依存性，而不是所谓的正常的不可避免的谋杀性竞争，是人性中充满希望且基本的部分。因此，正如我们能够努力去共情地理解我们的孩子，也就是下一代人，那么我们也能努力地去共情地理解除了下一代人之外的人们，以及我们自己这代人和所有过往的人们，无论我们之间有多少差异、困难，甚至厌恶。

承认其他人也拥有人类的大脑、拥有独特的自体、需要共情和认可，就足以帮助我们尝试理解他们未经满足的需求是什么，理解他们所经历的无反应的环境如何导致他们的无助以及随之而来的愤怒。仅以我们能努力搁置自身的恐惧和愤怒，努力尝试理解其他人的恐惧与愤怒（无论其中有多么不同）这种做法来说，就能够代表我们具备一种文明的行为能力。

人类能够欣赏贝多芬的交响乐，能够登陆月球，当然也就拥有制止核战争威胁的能力。如果我们能够开始运用自己丰富的智慧及情感资源，将我们自信的能量用于努力共情，而不是固执于以毁灭其他冒犯者为目标的攻击性的原始反应，那么即使是与差异最大的人，我们也能与之达成互相理解与合作。

考虑周全且富有创造性地接纳两代人之间的差异，这也许是获得代际延续与相互依存的关键。回顾杰尼斯的两院制自体，对人类自体意识的重要性予以明确的接纳也许是另一条通向人类发展的切实可行的道路。

如何理解和运用科胡特在治疗那些困难的自恋的病人时发现的镜映移情（mirroring transferences）、理想化移情（idealizing transferences）和另我移情（twinship transferences），他的双极自体（bipolar self）和三极自体（tripolar self）概念包含什么，如何区别自恋性愤怒与常见的愤怒，以及自恋性愤怒如何成为巨大的邪恶力量或是成为影响深远的成就的推动力——这些都将在以下的章节中进行探讨。

作为本书作者，我们二人均接受过传统精神分析和心理治疗的训练，在治疗中使用自体心理学超过十年的时间，并教导其原理。我们运用丰富的临床资料，提供经验实体，向读者展示如何在病人身上有效地使用自体心理学，以及如何将其教授给专业人士。自体心理学最令人振奋的结果之一，就是带有严重困扰的人们不仅摆脱了他们的精神疾病，过上了更快乐的生活，还变得有能力做出令人印象深刻的贡献，包括在艺术、科学和商业领域的贡献。然而对于自体心理学的哲学本质而言，最重要的是，人类具有积极的、追根溯源的、有创造力的、充满能量的力量，并且这些潜能是我们全人类天然拥有的。

第一章
自体心理学基本概念概览

哭求认可

自体破碎

原发性自恋中没有"我-你"

夸大性自体

理想化的父母影像

镜映需要

共情需要

自体客体

负面治疗反应

攻击性是一种分解产物

案例简述

> 在巨屋中，在火屋中，
> 在点算年岁的黑夜里，
> 在细数年月的黑夜里，
> 哦，愿我的本名归还于我！
> 当东方天阶上的神圣，
> 赐我平静地坐在他的身旁，
> 当诸神在我面前一一宣告自己的名字，
> 愿那时我也记得我的本名！
>
> 埃及《亡灵书》（公元前3500年）

已故的海因兹·科胡特在探索治疗一种原本被认为无法治愈的障碍（病理性自恋）的方法时，对一种更高形式的健康自恋也进行了概念化。他发现这是人类各种形式的创造力中不可或缺的元素。他得出结论，对自体的健康的爱（healthy self-love）能产生出智慧，使我们能够接纳自己的局限性，包括我们必然到来的死亡。他还将幽默的能力归因于稳定的自尊，或许，幽默正是人类大脑独有的天赋。最后，他认可了婴儿期夸大性（infantile grandiosity）可能转化为所有创造力的源泉这一可能性。

哭求认可

首先，让我们听一听个人对于其自体得到认可的渴求（a cry for recognition），这种对于个人独特身份的渴求早已回响在公元前3500年的埃及《亡灵书》中，这与杰尼斯所提到的有意识的自体出现的时间间隔并不太久。诗人面对着时间与存在的奥秘，同时面对着理想化的神，而这神并没有充分认可诗人，诗人两次哭号出了自体认可（self-recognition）的问题。一开始，他似乎有些承受不了对时间的体验及其对人类存在的威胁,以及如何与之抗争。"哦,愿我的本名归还于我!"在那句恳求中有所暗示,一个人独特的身份可以帮助他对抗关于时间与死亡的可怕问题。

这首古老的诗作的另一个部分涉及的内容,我们可以认为是科胡特关于理想化移情概念相当早期的一个版本。比如,诗人被允许就坐于圣者旁边,但是他也暗示,当"诸神在我面前一一宣告自己的名字"时,他的身份受到了威胁。这暗示了可能有一位精神导师邀请诗人参加神的聚会,但是表现欠佳,忽视了诗人,由此对他的自尊造成打击,令他感到暴怒而又受伤。在科胡特关于自体心理学的模式中,这种自体感受到的狂怒正是其精髓所在。他第一个认识到当一个人的自尊受到侮辱,并被体验为无法控制时,个人的自体将会出现破碎。因此,由失望产生的暴怒被指向了自体,这也暗示了个人可能会从对现实生活的应对中撤出。

自体破碎

自体破碎是每个人在人生的某个时刻都会体验到的"我要崩溃了"的感觉。其范围从轻微的尴尬开始(如一个人在路上与老友不期而遇,当要将她介绍给自己的配偶时却发现自己忘记了她的夫姓),一直到折磨人的恐惧和羞耻感(如一个博士研究生在他的论文答辩会上无法回答一个关键的问题)。

科胡特在其著作和论文(Kohut, 1959, 1966, 1971, 1977, 1979, 1982, 1984)中曾有临床记录,那令人焦虑的、恐怖的、完全令人动弹不得的自体破碎可能出现在任何一个对个体自尊产生侮辱的情景中,甚至包括心理治疗的情景,在治疗中病人特别容易感觉自己成为了攻击的焦点。就我们十多年来以自体心理学模式开展工作的经验来讲,我们可以证实,科胡特对于自体破碎现象广泛的体验并不是他独有的。

我们还遇到过这样的情况,当治疗师听完病人所讲的一些个人经历、想法、情绪或是期待，以一个标准的心理治疗干预问题"那么，你对此感觉如何？"作为回应时，就会激发出那种有害的，并且常常是不祥的自体破碎。病人远未感觉到治疗师与他的感受同调，他可能以一种个人化的、有特点的方式来表示，他所体验到的自体破碎令他产生一种完全不想沟通的渴望，一种转换话题的冲动，或是走到另一个极端，愤怒地指责治疗师的愚蠢，有时则是迅速离开治疗室。

发生了什么呢？治疗师可能是出于关心病人，努力想要了解更多与他的特殊经历相关的感受，但却引起了病人的自体破碎，这个过程演示了科胡特的几个基本概念。为了让读者理解这些努力尝试与病人进行协调的反馈是如何失败的，让我们先来看看科胡特的几个发现。

原发性自恋中没有"我-你"

科胡特（Kohut，1966）早期曾强调，原发性自恋（primary narcissism）指的是"心理上的婴儿状态"（p. 245）。意思是说，婴儿对于母亲及其服务的体验处于一个没有"我-你"分别的世界。因此，婴儿会期望自己能控制母亲，就像成年人期望能控制自己的身体和心灵一样。但是我们面临着一个现实的问题，当不可避免的事情出现时会发生什么，也就是说，当母亲不能由婴儿来控制，并且可能不得不让他等待母乳以及其他相应的服务时。作为父母，我们知道在服务不完美时婴儿会充满暴怒。但是在1977年，科胡特没有将这一自恋性暴怒定义为婴儿天生攻击性的表达。相反，科胡特将婴儿的暴怒视为一种可以理解的、对于分裂的反应，是自体遭遇无反应环境时的破碎，如动作缓慢的母亲，或者甚至是缺席的母亲。

夸大性自体

但是潜藏在这自恋性暴怒背后的内容对于个体以后的发展至关重要。在他过

第1章 自体心理学基本概念概览
1 An Overview of Basic Self Psychology Concepts

去治疗原本以为无法治愈的自恋性人格障碍的成功分析工作的基础上，科胡特描绘了两种自恋性移情，在移情过程中，已经成年的病人在治疗师身上重复了婴儿时期他与母亲和父亲的互动。第一种解决方法是要让婴儿感到自己是全能的，控制着好的世界（the good world）。第二种解决方法是去将另一个人感知为全能，假设是父母中的一位或是双亲（Kohut，1971）。婴儿这种尽在掌控的感觉与马勒等人（1975）所描述的，学步期儿童处于其练习亚阶段时站起身子、迈开脚步的感觉相似，这也是科胡特关于夸大性自体及其所伴随着的自恋性暴怒的概念。每一次对于全能的自体中不听使唤的部分的失望体验都会引发这种暴怒，特别是，那个不完美却未分化的母亲。

这个夸大性自体的概念如何才能在治疗中有所体现，同时还伴随着对自体产生最轻微的失望时所出现的自恋性暴怒？举个例子，它可能在一个我们最常忽视的问题上有所表现——因自己需要接受治疗而感到羞耻，这对于渴望完美的无意识夸大性自体而言无疑是一个侮辱体验。有可能会出现一种两者互换的情况，如以下这段来自治疗督导的摘录，病人是一位男性。

病人：我不得不花这么长的时间，这么多钱来参加这个治疗，而且最终无法给我任何保证，对此我感到非常羞愧和无望。到目前为止我没发现你帮到了我，而且我也没发现为什么我无论如何需要接受这个治疗，为什么我就不能管理好我自己的生活呢？

治疗师（试着从自我心理学的角度给予病人支持）：嗯，我想你花钱来这里接受治疗的事实说明，有一部分的你感到你应当获得任何能够帮你过上更好的生活的协助。

病人（因为他的无意识夸大性和自恋性暴怒没有得到认可）：你知道吗，我觉得你说了很多还不错的术语，没一丁点涉及那个大大的问题，就是我究竟为什么应该需要这个疯狂的治疗。

治疗师（如果回应到自体心理学概念中的夸大性自体及其对于任何不完美产生的

暴怒）：嗯，我能理解为什么你对于需要协助感到愤恨，因为我猜你一直以来总感觉自己应当能够处理任何加在你身上的要求。

病人（比起愤怒，更显惊讶）：是的，嗯我想……我一直以来总觉得我应当能够做任何自己想要做的事，尽管我常常紧张地做着别人，尤其是父母，要求我做的像超人一般的事。

　　这里，病人回应了治疗师对他的共情性认可，包括认可了他无意识的婴儿期夸大性自体及其加诸于意识层面的自体和自我无尽的要求，还有对于全能的夸大性的受虐式防御，如，"我真的不应该为自己争取什么，但是我必须全力以赴地满足他们的需求好让他们爱我。"治疗师没有聚焦于狭隘的、以现实为基础的问题，即病人是为了自己而来接受治疗，而是同感到更深层的、夸大性自体的无意识要求，这耗尽了意识层面的自我以及无论是否存在的内聚性自体所需要的能量，都用来满足夸大性自体的需要。

　　治疗师以一种病人能够接受的方式转向无意识夸大性自体，开始为病人提供他从未从他冷漠的母亲那里得到过的镜映。病人显然仍旧需要从一个自体客体那里得到这种认可，鼓励他发展出以夸大性自体的需求为基础的健康的抱负心，并且很有希望能够通过现实的体验得以修正，这就导向了转换性内化（transmuting internalization）（见下文）。

理想化的父母影像

　　处理自恋性暴怒的第二个方法是，婴儿尝试将"绝对的完美和力量注入初始的对象，即成人，以此来维持最初的完美和全能感。"（Kohut, 1966, p. 246）。科胡特在这里描述的是早期的理想化父母影像（the idealized parent imago），特别凸显出理想化与自恋需要的紧密关系。当父母不可避免地让儿童感受到挫折，而这些挫折是可以承受的，儿童就会将他们所欣赏的父母影像中的理想化品质内化。这些品质与功能于是逐渐通过转换性内化而不断地被儿童补充。这种恰到好处的挫折经历也有助于驯化和引导夸大性自体剧增的抱负心。

儿童将父母影像理想化的需要会出现在治疗中，正如它在生活中那样，带着一个问题："当我需要你的时候，你会在那里吗？当我感到绝望和无助时，我可以依靠你的力量和关怀吗？"当儿童过于突然并且过早地发现，他不能指望母亲理想化的力量永远为他守候——比如，母亲可能会生病、吸毒，或是缺席——如果同时也没有其他可信的照料者，他只能依靠自己（也就是他的夸大性自体）。

在治疗中，病人开始重新寻找理想化父母的影像，也许期间经过了很长一段时间，他才相信能够找到这样一个偶像。我们希望治疗师，能够认可并鼓励这"脆弱的理想化触须"（Kohut, 1971, p. 221），而不是如其父母所做的，再次将它践踏。这样的失败可能是源于治疗师的反移情焦虑，担心被病人置于圣坛之上，或是源于现实的焦虑，担心自己无法满足病人婴儿化的期待，因而，必将再次令病人失望。

病人需要感到他自己的理想化期待是被治疗师接纳的，鉴于治疗师自己的童年经历，他很容易忽略这种需要，而最重要的是，治疗师要对这些需要持共情的态度。只有在这样的背景下，病人对于假期或者甚至是对治疗师周末离开所产生的愤怒、失望和焦虑才能得到治疗师的理解。请想一想以下的对话：

病人（男性或女性）：嗯，快要放假了，我想你会去参加纽约的会议，任凭我自生自灭一个星期。

治疗师：是的，事实上，我打算在今天的会谈里提出这件事。但你知道，你已经有好几年能够挺过这样的分离了，所以也许今年并不会如你预想的那么困难。

病人：哦，当然！我父母在圣诞节之后总是会去加勒比海，或者有时候是去欧洲开会，留下我和哥哥，还有我亲爱的堂兄。我曾经梦想他们会去久一点，带上我，或者是暑假的时候带我一起去，而不是把我和哥哥送去夏令营。当他们终于有机会邀请我一起去时，已经太晚了。那时候我已经有自己的朋友，而且我也已经完全不在乎是不是能和父母在一起了。

治疗师（仍然聚焦于病人已经有所改善的现实能力，即能够承受治疗师眼中的分离焦虑）：你能够发展自己的友情和兴趣，而且不再感到被父母抛下了，这样难道不好吗？

病人：我猜你想说的是我现在也应该做一样的事情——发展我自己的支持系统，而不要去在意你什么时候去休假。不过，我必须警告你，如果真是那样的话，我就不在乎你了，也不再需要你非要给予我的东西，我可能会停止治疗，不管那时你是不是觉得我已经准备好终止治疗。

治疗师（感觉到他的干预没能起到他所预期的安慰效果，猜想其中是不是涉及了理想化的问题）：我猜你会想要我安排我俩一起去这次假期旅行，就像你曾经想要你的父母那样安排。

病人：嗯，当然，我认为我的父亲至少付得起一次的费用。他是一位大学教授，而且，如果在圣诞节的时候和他还有母亲一起去伦敦的话一定会很棒。我热爱狄更斯和英国历史。我想父亲会让我看很多东西，带我去很多有意思的地方。我觉得很难过，他从来没有想过那对我和哥哥来说会是多么开心。

治疗师（意识到他的共情方法引发了一个另人失望的理想化议题，并且附带着重要的自体感受，治疗师还感到有些焦虑，他可能在病人心里激起了一个他无法满足的期望）：嗯，我们两个人一起经历那些……但是我们可以在这里想象一下，一起去伦敦会是什么样的情形。

病人：哦，我知道这是不可能的。我想如果我和你一起处在一个非治疗性的环境中，我可能会觉得不自在。但是我想和你一起走过伦敦街道一定会很兴奋。我打赌你一定很了解英国文学。

治疗师（微笑着）：嗯，谢谢，这想法真好。（这里治疗师让自己被理想化，并且毫无疑问他感到松了口气，病人对于现实的把握使他不会要求把治疗师

第1章 自体心理学基本概念概览

1 An Overview of Basic Self Psychology Concepts

建议他们幻想一下的场景变为现实。)

这一次治疗性对话的重要成果就是病人再次体验了父亲对他的需要不敏感而导致的幻灭感,如,对父母影像的去理想化(deidealization),以及病人预期到治疗师因假期到来而要离开他,这个行为与他的父亲一样不敏感。当病人体会到治疗师共情了他被忽视的感觉,就出现了一种可能性,他可以通过幻想将治疗师理想化为一种父母影像,以此来部分满足他的需要。

镜映需要

父母对孩子需要的同调回应包括安抚、融合(merging)、镜映、培育,以及刺激性的反应,还有父母这一自体客体所代表的更高级的价值观与理想。科胡特发现,所有这些都会被内化为更高形式的自恋基础,包括创造力、幽默,以及对我们的自我价值与健康抱负的积极接纳。科胡特(Kohut,1984)总结道,我们努力追求自己的抱负与理想,渴望与某个人成为"孪生兄弟/姐妹"、与他分享我们的热情和感受,这些组成了人类实现三级核心自体(tripolar nuclear self)的三个基本选择(见第六章)。

被记得、被注意以及被欣赏的需要弥漫在本章开篇的古老诗作中——"他很快守住了对于自己身份的记忆。"科胡特(Kohut,1971)开始相信,这种对于积极认可的需要——即被镜映的需要——对健康自尊的发展至关重要,不仅为了有效地发挥自尊功能,还为了达到更高形式的自恋,这在人类对于文明所做出的贡献中是如此重要。整个有关人类需求的领域竟然在过去的几个世纪中被忽视和贬低,这一点依旧令人感到困惑不解,有一句东方谚语对此进行了尖刻的描述:"当面赞扬别人是不雅的。"

但是在临床上,我们越来越多地发现对自体进行施虐的情况以及自体对于掌声和敏感回应的需要,这种施虐的出现,是父母长久以来没能认识到儿童早期复杂的需要，以及一代代的父母在无知中粗暴地对待孩子所产生的后果。我们在自己的从业过程中发现了这一令人伤心的现象，同时还有海因兹·科胡特、爱丽丝·米勒、罗伊德·德茂斯（Lloyd de Mause），和越来越多的心理治疗师，他们从自体心理学模式中理解到不同调的教养方式产生的可怕后果，以及我们可以做些什么，来将这些病理情况重新导向健康的发展。

共情需要

科胡特观点鲜明地强调"近体验共情（experience-near empathy）"的概念（Kohut，1959，1982），并以此展开了他对于自体心理学的探索，这也是他在最后一篇论文中传达出来的最后的信息。我们痛苦地发现，正是对于成长中的儿童需要同调的回应这一需求缺乏共情，才使得暴政和人类的破坏性具有了出现的可能（见第九章）。科胡特（Kohut，1982）指出，共情是一种收集信息和数据的活动，也是成功达到同调的必要前提，共情具有治疗性。他强调，如果母亲希望她对孩子的反应被孩子体验为积极响应，那么她需要用共情。然后，他继续强调，在临床经验中"共情本身，仅仅是出现了共情，就有有益的、广泛的治疗效果——不仅在临床设置中是这样，在人类的日常生活中也是这样"（p. 397）。

在临床工作中，科胡特在"无法治疗的"自恋型人格障碍患者身上运用共情，使他能够以一个不同的视角来看待人类的发展。这涉及具有稳定自尊的内聚性自体，根植于驯化的夸大性与可靠的理想化，聚焦于快乐的发展体验，包括对性的渴望，以及共情的父母能够接受俄狄浦斯期的儿童具有性欲和竞争力这些可能性。

自体客体

共情以及足够好的养育带给我们的愉快体验将我们带到了另一个自体心理学

的基本概念——自体客体（selfobject）。这个新的术语，自体客体（自体与客体之间没有连字符"-"）是用来表达一个关于自体与客体（即另一个人）关系的、新的、概念化了的观点，其中自体要么完全未与他人分化，要么只分化了一部分。正如欧斯坦（Ornstein，1978a）所描述的："……这样一个客体只与发展中的自体特定的、与其所处阶段相符的需要有关，没有识别出客体的独立性及其自身启动中心"（p.60）。

显然，如果一个孩子足够幸运，从母亲一般的照料者那里能够得到一个可靠的、有爱的自体客体，他能为孩子对健康抱负心的自我接纳提供必要的镜映，那么类似于脆弱的自尊以及病理性自恋的问题就不太可能出现。但是，如果父母双方或一方被证明不值得被理想化，那么也会产生一个严重的问题，这涉及科胡特早期提出的，由双极自体提供第二次机会的概念，也就是说，以理想化补充或替代抱负心。

心理治疗师提供给病人的正是第二次机会，让他能够相信并内化一个好的、可靠的自体客体，在此之前病人从未拥有过这样的自体客体。这可能成为治疗中主要的冲突点，成为治疗师最沮丧的反移情感受之一，即他的治疗根本没有产生效果。但是，如果治疗师回顾病人开始接受治疗时的情况，对比他目前的表现，治疗师往往能对病人实际上出现的进步感到深受鼓舞。

因此，有一点很重要，就是要记住病人可能会排斥任何依赖治疗师的觉察，因为这是病人在无意识中决定不去跨越的底线。

负面治疗反应

自体心理学发现，强大的"负面治疗反应"（Freud，1923a/1961）可能常常是一种自我保护机制，抵御期望中的自体客体带来的另一次幻灭，病人深信这种幻灭会造成其脆弱的自体不可逆转的破碎（Brandschaft，1983）。

治疗师如果共情地意识到这种恐惧，就不会感受到可怕的移情性拒绝，或是对病人这种可以理解的、害怕再次信任他人的心态感到无望。他就可以耐心、细心地为病人的自恋性暴怒提供共情的理解。通过对病人的暴怒，以及暴怒背后对于被抛弃的巨大恐惧进行共情，就能培养出病人信任他人的能力，进而能够把分析师作为一个可靠的自体客体来依靠。所以，正如布兰德沙夫特所发现的，科胡特的方法真正提供了一种可能性，为避免负面治疗反应这一悲剧性的僵局提供了一种发展性的方法。

攻击性是一种分解产物

科胡特（Kohut，1977）不仅将传统上被拒绝的自体爱（自恋）视为更高形式的自恋生长的土壤，如创造力、幽默，以及对死亡的接纳；他还提出，人类的攻击性并不是天生的本能，而是没有反应的环境产生的一个分解产物（disintegration product）。

正如儿童需要足够的氧气来自由呼吸，他也需要一个共情的环境，一个有反应的自体客体。当破坏性的暴怒被唤起，尤其是自恋性暴怒时，往往会涉及对自体的伤害。这源于对婴儿期夸大性自体的侮辱，夸大性自体原本期望能够完全掌控本应具有反应的环境（如母亲），结果发现她没有共情，甚至威胁到自体的基本需要。

于是儿童体验到摧毁失灵的自体客体的冲动。但是，他的暴怒唤起了母亲的反攻击，可能转回到了他自己身上，导致他产生了自我厌恶和绝望，而这很可能导致强迫性受虐。这一结果对于健康的自体和客体关系具有极大的破坏性，当病人体验到治疗师失败的共情时，可能会在心理治疗中再现这一过程。病人可能将治疗师的释义体验为批评，并由此打击到他的自尊和无意识夸大性自体。如果治疗师对病人的攻击反应为好像那是不正当的（unwarranted），并且对其进行防御，也会让病人再次出现自我厌恶和绝望。

第1章 自体心理学基本概念概览
1 An Overview of Basic Self Psychology Concepts

案例简述

以下临床案例来自一个接受督导的个案，它展示出用自体心理学的模式治疗病人的攻击性是如何改变治疗关系的。在治疗前期，希尔达（Hilda K.），一个三十多岁有魅力的女人，在职业方面和性方面存在着她无法做决定的问题，治疗师忘记了她之前曾提到过的关于她的一个半血缘关系*的妹妹的事情，对此，她向这位女性治疗师表达了自己的失望。病人在治疗如此早的阶段就对治疗师的记忆失误感到生气，这让治疗师认为希尔达可能期望她是完美的，能够记住每一处细节。治疗师受过驱力理论的训练，对于自体心理学还缺乏经验，她也假设这种"不现实的"期待是一种对于关注的自恋性要求，也是希尔达的防御方式，她对于自己总是不能处于关注的中心有一种被压抑的愤怒。

这个假设似乎得到了证实。事实上，治疗师忘记的细节是那个特定的疾病——风湿热——这让她半血缘关系的妹妹从3岁起就有残疾，直到这个女孩15岁时过世。治疗师认为疾病本身并不重要，再一次假设希尔达一定是因为这个小小的入侵者成为了关注的中心而感到愤怒。治疗师猜测，希尔达用过度关注的反应方式来防御其嫉妒式暴怒。从自体心理学的观点，治疗师应当更关心病人的自尊状态以及发展出自体客体移情的可能性，而不是病人对她半血缘关系妹妹的攻击性。

因此，治疗师当时对希尔达说："你很生气，因为你感到我似乎没有给你应得的关注。"这个解释确实考虑到了病人明显脆弱的自尊，也考虑到了她可能具有对于完美的关注的强迫性需要，以此来支撑起她松垮的自体。但是，这个解释听起来也像是一种批评，她要求了太多的关注，就像一个无理取闹的饥饿的孩子。至少希尔达是这样来做出反应的。她没有公开回应治疗师的解释，而是抱怨男朋友对自己的感受不够敏感，特别是他会公开和其他女人调情。

---

* 同父异母或同母异父。——译者注

对于释义没有明确的反应

治疗师可能聚焦于希尔达没有特别根据她的释义来做回应，而是转换了话题，这是一种移情反应，病人体验到治疗师缺乏共情，持续地在自尊这一非常微妙而复杂的问题上批评她。但是，这是治疗早期，治疗师决定将移情的问题推迟一段时间，当出现更为明显的移情感受时，尤其当希尔达出现对所有女性都有愤怒时再开启这一话题。就在同时，病人取消了后续的治疗，并且拒绝支付账单。

在督导中，督导建议治疗师回到她所做的释义，并认为也许希尔达是对此感到不安，所以这或许导致她不再参加后续治疗。就希尔达认为治疗师在批评她要求关注这件事上，督导还要求治疗师向病人道歉。治疗师这样做了，结果发现希尔达能够带着很深的感情说出治疗师的建议让她感到很受伤，感到被误解，因为治疗师认为她是因为没有得到足够的关注而感到愤怒。希尔达强调，事实上，她感到愤怒和受伤是因为她的半血缘关系的妹妹是她生命中最重要的人，在她15岁过世之前，所有人都忽视了这个妹妹。在之前的治疗里，治疗师做了同样的事情。希尔达最为重要的一个自体问题——她对于没有被人尊重地倾听感到的愤怒，以这样的方式在治疗早期出现了。

自体心理学模式的一些困难

治疗师对于希尔达的愤怒进行共情性探索，这帮助她最终得以足够信任治疗师，使得治疗能够开展。所以治疗师从自体心理学的视角看待愤怒的能力，以及她将批评转化为共情性探索的能力帮助她将治疗持续下去。

当督导建议治疗师去向病人澄清，为什么粗心的治疗师对病人愤怒情绪的释义会被病人理解为批评时，治疗师对此建议是如何反应的？此处我们所触及的是从治疗师的观点出发，运用自体心理学模式的难处。自体心理学，正如我们已经开始指明的，要求治疗师对于某个特定释义的特别效果要有更高强度的监控，尤其是其对病人自尊产生的积极或消极影响。

在以上案例中，治疗师假设病人对于治疗师的愤怒是一种传统的移情反应，因为她那位生病的、入侵到她生活中的半血缘关系妹妹，病人被人遗忘并因此产生婴儿期愤怒，这种愤怒被转移到了治疗师的身上。但是，通过探索，治疗师发现病人的感觉是被误解，没有被倾听，正如她试图让父母更关心她半血缘关系的妹妹所患的慢性疾病，却被父母忽视一样。所以她的愤怒是对父母失误的一种义愤和失望。如果她打算将治疗师内化为真正关心她的、她从未拥有过的自体客体的话，她需要去理想化并信任治疗师，正如她需要去理想化并信任父母。

但是，如果治疗师将病人的负面反应漠视为要被"修通"的"阻抗"，那么这种对于病人复杂情绪的微妙描绘与理解就无法达成。没错，在这个案例中，病人确实变得阻抗，即她再一次因没有被倾听而感到焦虑和愤怒，而不再信任她需要去依靠的治疗师。

但是为了避免此类僵局——它会让治疗在可能获得成功之处失败，自体心理学号召治疗师不断地思考他的干预所产生的影响，并在这种影响似乎让病人产生了疏远的时候去探索它。我们还号召治疗师将解释性的方法搁置一边，它让病人感到被误解，并且可能触发危险的退化。这包括治疗师要承认他的解释，或者有时被体验为道德态度的东西，会让治疗脱离正轨，它会让病人感到被治疗师指责，而不是被治疗师共情地理解。如同我们将在以后的章节中所看到的，自体心理学的过程可以是一个探索和再生的过程，对治疗师和病人都是如此。

第二章
自体心理学视角下的攻击性

对不同调的攻击

心理治疗的自体客体模型

攻击性如何消失

健康的肯定

科学显示并不存在攻击驱力

治疗环境

案例简述

在科胡特的概念中，人类的攻击性是在没有反应的环境中产生的分解产物，本章节将聚焦于这一概念对于个人发展以及文明存续的令人兴奋的、再生性的意义。这一模式将人类从难以忍受的天生破坏性驱力这个负担中释放出来，在这一概念中，破坏性驱力总是要被毫无觉察地释放，并且如今已经威胁到了地球的存在，因为人与人之间最基本的差异要通过核战争来解决。

从某种意义上而言，每个人都是不同的，因为每个人都有自己独特的人生经历（Atwood & Stolorow，1984）。成熟的客体关系要求人们接纳他人的不同，包括那些我们爱的人。尤其是一些具有冒犯性的差异，那可能是他人独立自主的能力，而在我们可能会感到被他忽略或是不被理解。

我们太习惯于这样的想法，人类的婴儿带着他与生俱来的攻击性来到这个世界上，就像一把装有弹药的枪，随时可能走火，以至于我们常常不去考虑另一种可能性，即这种攻击性可能是对于外界刺激的反应，而不是一种无法避免的释放。这在心理治疗的环境中显得格外真实，在治疗情境下，我们很容易假设病人爆发出来的愤怒与闷闷不乐的沉默都源于他婴儿化的需求不再能够得到满足。然而，帮助病人最终缓和其攻击性是我们无法回避的任务，在科胡特之前，我们可能不会将病人"阻抗的"攻击视为他对于我们"探测手术刀"的恰当反应。

对不同调的攻击

然而，科胡特将触发攻击性的责任归结于父母或是替代性自体客体（比如，心理治疗师）的局限性。他说："人的破坏性作为一种心理现象是次要的……特别是破坏性的暴怒，它总是因为对自体的伤害而被激发"（1977，p. 116）。

病人对于治疗性试探的愤怒反应，常常被治疗师以"阻抗"之名轻易打发，但这通常会被病人体验为治疗师的共情失败。毕竟，无论治疗师是被理想化了，还是被病人无意识地视为其自体中顺服的部分（比如，像是他的手），在以上任何一种情况中，治疗师都应该无须提问就*知道*病人的感受如何！

我们都能想象，如果婴儿已经感到恶心，他的母亲还是坚持要把奶瓶塞进他的嘴里，他会是什么感觉。当病人走进办公室，治疗师没有和他打招呼，病人因心理上的抛弃而感受到的绝望，这与上述婴儿的感觉是一样的。因此，对治疗师而言，将病人的绝望解释为他对治疗师产生了性的感觉，并因此而感到焦虑，这无疑会对病人的自体产生自恋性的伤害，这将触发更多病人对于治疗本身的暴怒。

但是这种共情失败也会导致一种负面的移情反应。在上述被强迫吃奶的婴儿的例子中，最初的反应包括对于婴儿自体内聚性的伤害，尤其当儿童证实，他的自体客体对其感受是不同调的时候更是如此。儿童需要他的自体客体去镜映他的抱负心和成就，去成为一个全能的理想化身，这些都是对治疗师成为病人的一个好的自体客体的指引，是拥有一个"全新的"自体客体体验的第二次机会，这是科胡特的说法（Kohut，1971，1977）。黑杰士（Hedges，1983）指出"对自体客体移情的修通包含'拾起原初的自体客体所丢失的东西'。我们并不把经典的修通看作一个新的版本，而是认为它包含着通过解释获得洞察"（p. 66）。

心理治疗的自体客体模型

如果我们不再将攻击性视为一种天生的驱力，那么自体心理学家是如何来处理病人的攻击性的呢？根据科胡特提出的，关于自体客体敏感地同调于另一个人的共情需要这一概念，我们可以期望，治疗师或许已经达到了心理上的成熟，能够评估病人的需要。如同一位共情的父母，治疗师可以邀请病人进入治疗师的心理结构。通过这个方法，病人内在的不平衡可以得到放松，就像父母可以舒缓儿童情绪上的不安。

科胡特曾提到将儿童纳入自体客体自身的心理组织里，这具有极为重大的意义，因为这可以帮助儿童通过"转换性内化作用"来"巩固其核心自体"，正如我们在第一章中所描述的。母亲通过爱来中和儿童的攻击性，从而驯服他们，这种说法并不如另一种说法来得精确，即婴儿感到母亲般的人物那更为复杂而又绝对坚定（unquestioning assertiveness）的心理单元的分解，这让婴儿产生了焦虑与愤怒，而婴儿的焦虑和愤怒又在母亲般的人物身上引发了非共情性共鸣（unempathic resonances）。治疗师也需要保护好自己，避免被困难的病人触发起自己的非共情反应（unempathic reactions）（Weiner & White）。

攻击性如何消失

治疗师可以将一个镇静的母亲安抚儿童的图景视为一个共情性自体客体的原型，将其谨记在心，也许会很有用处。"儿童体验着自体客体的感受状态……仿佛那些状态是他自己的"（科胡特，1977，p. 86）。因此，儿童不断加剧的焦虑，无论它是被什么触发，随后都会逐渐稳定，变为温和的焦虑，然后便是冷静和自体客体的无焦虑。儿童开始感受到的心理上的分解产物，通过其与母亲般人物的共情性镇静的融合而消失了。

科胡特相信，在共情性共鸣与实际需要满足之间的显著差异上有轻微共情失败，这在心理上是无害的，可以培养出儿童对自体客体的转换性内化，只要自体客体对儿童的反应"是全部范围内的、非扭曲的共情反应"（Kohut，1977，p. 87）。

但是，如果自体客体的共情太迟钝或是缺失，或者出现更糟糕的情况，如自体客体产生恐慌，并且以忧郁、狂躁、压抑，或是其他拒绝的反应作为回应，那么儿童不仅会错失他所需要的有益的融合，还会被引入一种有害的融合，或者儿童会试图逃离，将自己与具有威胁性的自体客体隔开。科胡特（1977）总结道，所有这些情况的结果，要么是儿童无法发展出可靠的调节紧张的结构，用来驯服包括焦虑在内的情绪；要么是儿童发展出有缺陷的结构，如，在情绪上过度反应的倾向，包括发展出惊恐的状态。

第2章 自体心理学视角下的攻击性
2 Aggression from a Self Psychological Viewpoint

健康的肯定

如果攻击性是无反应环境下的分解产物,并且对分解体验或缺乏满足的感觉进行共情是重新获得建设性的镇静最有效的方法,那么由哈特曼(Hartmann)、克里斯(Kris)、洛文斯坦(Loewenstein, 1949)率先提出的,稍后被艾里克森(Erikson)发展为"攻击性(aggressivity)"的概念究竟发生了什么呢(Blanck & Blanck, 1974, p. 351)?科胡特也处理了这一潜在性,将其描述为"之前更为宽广也更为复杂的、绝对肯定的心理单元"(1977, p. 87)。科胡特将这种肯定视为一种原发的心理结构,它构成了自体与共情性自体客体之间联接的体验。

本书的资深作者在一次关于《自体的重建》(*The Restoration of the Self*; Kohut, 1977)的讲座[1]中谈道:

我们发现非破坏性的攻击一开始就在那里,用于建立和维持基本的自体——核心自体……这种健康的肯定,我们可以这样来称呼它,是由最佳的挫折调动起来的,即自体客体在反应上做非创伤性的延迟。这种正常的坚定性会随着个体努力争取的目标最终达成而消失。

巩特尔(Gunther, 1980)将科胡特关于肯定性(assertiveness)的概念与攻击性区分开来,将肯定性定义为与一个人一般性的自体目标有关,就像是一种"基本的构件模块"(p. 186)。这种模式将肯定性理解为一种指向行动的内在冲动,没有特定的目标。因此,对于内聚性自体(cohesive self)的任何行动,肯定性都被视为一个基础。

科学显示并不存在攻击驱力

从弗洛伊德第一次指出我们对人类的本能缺少可靠的信息至今,科学已经取得了重大的进展。巴史克（Basch，1984）提醒我们，生物学、人种学、赛博学（Cybernetics）*和控制理论，这些都不是在弗洛伊德的时代发展出来的，而现在这些理论允许我们重新评价弗洛伊德的猜测。

巴史克指出，神经机械学和控制论已经代替了弗洛伊德的"机械的释放论"（mechanistic discharge theories）**，用于解释有机体行为的起伏变化。巴史克继续说道：

……思想和行为的动机或者意义，取决于能量充沛的力比多的力量或者攻击天性，无论它是已经中和的、还是未经中和的形式，这一概念已经被生物学家、神经生理学家和物理学家多次明确否认了，库比（Kubie，1963）、霍尔特（Holt，1965）、罗森布拉特（Rosenblatt）和提克斯顿（Thickstun，1970）、彼得弗洛伊德（Peterfreund，1971）以及其他人（Basch，1984，p.30）在精神分析文献中也有记录。

治疗环境

到目前为止，我们讨论的所有来自自体客体足够的或者不足的共情，当然，都适用于治疗环境。希望在治疗的环境中，治疗师工作最终的方向是他自己被病人内化，要么内化为自体心理学模式下同调的自体客体，要么内化为传统精神分析模式视角下良性的超我。无论是哪种情况，治疗师都可能感到他常常是走在一条与病人的攻击性有关，尤其是与自恋性暴怒有关的拉紧的绳索上，这一点我们之后会讨论。但是，无论攻击性中是否涉及自恋性暴怒，将攻击性作为一种

---

* 赛博学在国内有些地方已把自动控制理论、控制理论（control theory）称为控制论（cybernetics），于是控制理论便成了控制论。为了区别 control theory 与 cybernetics，对 cybernetics 一词还是采用音译法较好，即译成赛博学。——译者注

** Mechanistic discharge theories 机械的释放论。此处"机械的释放论"是作者对弗洛伊德释放论的阐释，作者认为这种理论具有机械性的色彩。类似的观点可见卡伦·霍妮的《精神分析新法》。

无反应环境下的分解产物来处理，而不是一种天生的、需要释放的驱力，这给心理治疗师提出了一个新的问题。

案例简述

以下我们将要呈现一个有关一个治疗性的问题的案例，即治疗师是从本能驱力的视角（Hartmann, Kris, & Loewenstein, 1949），去聚焦于病人似乎拥有的释放天生攻击性的需要，还是采用科胡特的共情模式，去努力解释病人的创伤性经历的意义。我们现在就要继续介绍希尔达（Hilda K.）的案例，这个案例在第一章中曾经引用过，用于展示治疗师对病人愤怒感受的对峙方法是如何差一点赶走了病人。由于涉及复杂的问题，我们将重新讲述一些已经提到过的细节。治疗师假设，希尔达对于治疗师忘记了她半血缘关系的妹妹的事情而产生的愤怒，说明她具有总要成为关注中心的需要，不现实地期待治疗师拥有毫无瑕疵的记忆，以及希尔达自己对于妹妹的入侵而反向形成的嫉妒式暴怒。所以治疗师告诉希尔达，她对治疗师感到愤怒是因为治疗师没有给予她认为自己应该得到的全部的注意力。希尔达对这一出现较早的移情性解释的反应，就好像治疗师批评她要求了过多的关注，像一个淘气的、苛求的孩子。她没有用语言向治疗师表达这些愤怒，而是向治疗师抱怨她的情人对她的感受不敏感，治疗师后来发现，这是希尔达的特点。但是，她没有参加下一次的治疗，也没有付费。

治疗师接受了督导的帮助，在接下来的一次治疗中向希尔达道歉，因为她在治疗中对她说的话像是一种批评式的释义。希尔达承认，治疗师暗示她会因为没有得到关注而生气，这让她感觉受到了伤害。她强调，她的半血缘关系妹妹对她很重要，在她15岁去世之前，每个人都忽视了这个生病的小女孩，具有讽刺意味的是，治疗师现在似乎也在做同样的事情。通过这种方式，希尔达最重要的自尊问题之一，即她对于不被倾听的愤怒分解（angry disintegration），在治疗中早早地出现了。

事实上，聚焦于自体心理学的督导帮助治疗师清理了她这部分的共情失败，这次失败差点造成病人的离开，但这并不表示治疗师不会再次出现类似的错误理解，其频繁程度足以让治疗成为治疗师的重负。治疗师有时会跌入一个陷阱，假设希尔达的攻击性，无论是通过语言还是通过行动表示的，都是因为其感受到被剥夺的、不快乐的童年而产生的强烈攻击性，并且通过移情加以释放。正如科胡特所言，很有必要在督导中不断地帮助治疗师思考其病人的攻击性是否是其对无反应环境产生的分解产物。在这个案例中，治疗师就是那个无反应的环境，在某种程度上没有理解病人的感受，并且没有给予病人足够的共情，因而激发了病人的攻击性。

注俄狄浦斯式释义的拉力

有一个主要的问题，就是治疗师先前所接受的是传统精神分析及自我心理学训练，并且对其相当熟悉。尽管治疗师对自体心理学很感兴趣，但她几乎是不由自主地陷入了以她所熟悉的弗洛伊德模式来理解病人的问题。希尔达35岁，深色头发，身材苗条、有魅力，而且是单身。一开始，她似乎就呈现出了一幅经典的画面：神经质、带有施虐受虐倾向，强迫性工作问题，还有歇斯底里地引人注意。希尔达之前接受过另一位治疗师的治疗，但是那并没有帮助她解决多年来对于男朋友的矛盾情感，她的男朋友在想要结婚还是分手上也同样地犹豫不决。希尔达的生物学博士论文似乎和她与情人的关系一样飘渺不定，然而她在一个颇有难度的领域获得了学士与硕士学位，并且保住了一份困难但是收入不高的工作。

治疗师认识到希尔达脆弱的自尊，以及她婴儿期共情关注的需要没有被理解，这让她感到暴怒，治疗师发现自己经常聚焦于希尔达和男人在性关系上的施虐受虐性权力争夺，以及希尔达与其论文指导老师的施虐受虐性权力斗争。这似乎是对传统的歇斯底里焦虑的退行性防御，而这焦虑源自婚姻关系中未解决的俄狄浦斯情结。然而，希尔达在她的前俄狄浦斯期具有太多的创伤，治疗师发现自己越来越难聚焦于病人矛盾情感的移情反应，这是一种无意识的俄狄浦斯竞争的表达。鉴于这种可能性，治疗师可能无意识地代表了病人的母亲，成为了一个与她争夺父亲的竞争者。

希尔达的母亲在她 2 岁时死于心脏衰竭。她的父亲——一个冷酷、严厉的男人——将她留置在一个没有爱的收养家庭达一年，这是她后来发现的。3 岁时，希尔达被带到了一个由她的父亲和继母组成的新家，继母的形象对她而言总是非常模糊不清。希尔达的继母很快怀孕了，她半血缘关系的妹妹温迪在她大约 4 岁时出生。希尔达不太能回忆起温迪出生时她的感受，但是记得当温迪表现出越来越多慢性疾病的症状时她的不安，比如，温迪在身体移动上有问题，社会退缩，并且经常卧病在床。

夸大的护士

希尔达显然变成了一个"神经质的女人"，温迪的小妈妈。希尔达指责她的父亲和继母忽略了这个艰难的、生病的孩子，而且不够爱她的妹妹。因为温迪后来被诊断出患有风湿热，治疗师猜想希尔达是对的，她的父母，无论出于什么原因，没有理会温迪严重的病情，希望温迪能"在成长中自然康复"。治疗师很容易得出这样的结论并与希尔达面质，指出她如此关心温迪可能是对于自己不再是关注中心的一种否认性防御。

然而，治疗师在督导中尝试理解并共情希尔达的感受，她逐渐意识到，希尔达开始敢于信任她，与她分享了一个秘密，即只有通过关心她半血缘关系的妹妹，希尔达才可能对自己有一点正向的感受。希尔达在 2 岁时经历了不可避免的、可怕的无助感和不被爱的感觉，她的母亲因为心脏衰竭而丢下了她，她同时还经历了寄养家庭、她自己的父亲和继母带给她的缺乏同调关怀的体验。希尔达通过关心她半血缘关系的妹妹，要求父母注意妹妹严重的病情，希尔达无意识地满足了一些她婴儿期夸大自体的需求，婴儿期的夸大自体因无法挽救母亲的生命而感到害怕和羞耻。但是与她的半血缘妹妹一起，希尔达感到她有了再一次向自己（同时也是向别人）证明自己的机会，她不仅是可爱的，还是全能的。

通过开始理解夸大性自体的自我支持层面，治疗师慢慢地能够共情希尔达，并帮助她完整地理解自己与半血缘妹妹的关系。通过这个共情，治疗师能够鼓励并支持希尔达在身体和心理上摆脱自给自足的状态，她一直借此状态与情人和朋友们——所有好的自体客体——保持着一定的距离，包括治疗师。当治疗师尝试理解希尔达对她半血缘妹妹过世的感受时，病人信任并依赖另一个人的能力就完全展示出来了，而这是获得完整的自体爱与客体爱的必要序曲。

希尔达告诉治疗师，温迪在15岁时死于风湿热，当时她19岁。希尔达相当随意地补充道，人们认为她是妹妹非常亲近的人，她对妹妹的关心就好像是她妹妹的亲生母亲一般。但是在她妹妹去世后，希尔达说，人们批评她几乎从来不提起温迪。治疗师真心感到困惑，并问希尔达她自己在温迪死后保持沉默，这当中可能涉及了什么东西。真相开始浮出水面。

病人变得闪烁其词

希尔达立刻变得闪烁其词，说她不记得当时的感受了。回想第一年治疗期间治疗师要去度暑假时的情况，希尔达当时对自己的感受也是闪烁其词，治疗师建议她去觉察任何关于需要别人的感觉，包括已经去世的温迪，这可能会让希尔达直面并且重新体验她小时候母亲去世时所经历过的可怕的恐慌和无助。

在这个解释之后的下一次治疗中，希尔达说出了以下的梦，这个梦是她在那次治疗后的晚上梦见的：

我在治疗结束后离开了你的办公室，没有回自己的公寓，而是突然发现自己坐在一架飞往欧洲的飞机上。飞机开始降落，女乘务员显然很害怕，看起来好像要晕倒了,她让每位乘客取出座位底下的降落伞,告诉他们飞机就要坠毁了。我跳出自己的座位,跑向驾驶室,驾驶员弯腰趴在控制台上,好像是病了或是死了。我把他推开,接管了控制台,把飞机安全地开回肯尼迪机场。女乘务员和驾驶员都恢复过来,热情地拥抱我,我像一个女英雄般接受了大家的鼓掌。

治疗师认为这是一个显然未经防御的、带有病人渴望的夸大性以及拯救幻想的梦境。治疗师那天在治疗过程中的解释,显然将希尔达对于依赖的恐惧推向了她的前意识,她将这种恐惧投射到对所有人都依赖的飞机将要坠毁这件事感到害怕和眩晕的女乘务员身上。驾驶员也是一样,可能代表了希尔达对其冷漠的、抛弃她的父亲早期的幻灭感,她的父亲没有给予她足够稳定的价值观,成为她坚强的方向指引者(Kohut,1977),她不得不用自己的夸大性自体来替代父亲,并最终因为她的勇敢和英雄般的拯救功绩而赢得称赞。

这些可能性似乎呈现在了这个清晰的梦境中。但是治疗师在前一次会面中给过希尔达一个解释,直接将希尔达因她母亲的过世和父亲把她留给陌生人而产生的恐惧与她在温迪死后否认任何感受的防御机制联系了起来。这个梦对于依赖的恐惧和幻灭可能是想要表达什么呢?不仅是关于治疗师——比如,希尔达在梦开始时离开了治疗室,还关于涉及了这些痛苦感受的童年经历。

吓人的飞行之旅

希尔达的第一个联想是乘务员感到害怕和眩晕,这让她想起了她第一次乘坐飞机旅行时"怕得要死"的经历。希尔达没有细说,而是接着强调了她在梦里能够阻止飞机坠毁时的感觉是多么美妙。治疗师在后来的督导中说出了自己的想法,治疗师认为在希尔达第一次飞行中可能有一些特别的焦虑,而她通过退化到婴儿期夸大性来对其进行防御。

治疗师请希尔达对她的第一次乘坐飞机旅行做进一步的联想。起初,希尔达说她想不出什么。治疗师想起处于夸大性发展阶段的儿童需要镜映，即某种反应性关注（Kohut，1971），于是治疗师决定不考虑病人可能有的防御性阻抗，直接询问希尔达在第一次乘坐飞机时，是什么让她感到害怕。希尔达犹豫了一下，慢慢地说道："我当时觉得我不可能挺过去。"治疗师说道："你的意思是你害怕飞机可能会坠毁？"希尔达回答道："我猜每个人都对此感到害怕，尤其是第一次坐飞机的时候。但是我真正感到害怕的是，我无法及时赶回来。"她停顿了一会儿，忧愁地一笑，补充道："我不知道还能说些什么了。"这句话她平时经常说。显然，她的阻抗很强。于是治疗师想起了在治疗中，希尔达需要多么大的鼓励才会说出几句与自己相关的积极感受，但是在梦里，她却可以沉浸在自恋的夸大性中。治疗师想，也许全能的愿望包括了这样一个希望，就是治疗师能够阅读希尔达的思想，这样她就不必说出会让自己感到焦虑的话了。治疗师想起她自己在这个梦境前的解释让希尔达将早年失去双亲的焦虑与温迪联系了起来，治疗师认为，这个梦境中可能根植了一段童年时的记忆。于是治疗师接着说道："我想如果你能亲自驾驶那架飞机以便准时到达目的地，那种感觉一定会很棒。"

希尔达的脸瞬间亮了起来，随即冷冷地说道："当我坐上飞机时已经太晚了。他们在她病了两天之后才打电话到我的营地。"治疗师猜想希尔达暗示的是温迪最后一次生病，当时希尔达19岁，那时她原本可以在一个夏令营中当辅导老师的。如果这是梦中暗示的童年记忆，那么它很可能包含了一个她曾经有过的、经过退化的全能拯救幻想，不仅与她母亲的突然去世有关，还贯穿了她整个童年的生活，在那期间她像母亲一般照料着温迪。尽管希尔达没有直接将温迪与那次飞行联系起来，治疗师出于共情的考虑，决定不问希尔达"她"是谁，而是简单地假定那是温迪。她认为，就算这个假设是不对的，比起让自己在这点上显得完全没有与希尔达同调而言，还是能够承受的。所以治疗师说："当温迪的病那么重的时候，你离开家去夏令营了？"

"是的，"希尔达严厉地说，"那些该死的傻瓜——他们不能面对她病得有多重。他们不愿承认她需要我，直到……"她的声音变得很轻，治疗师接着她的想法说道："……直到一切都太晚了。"她点点头，用手臂捶打椅子，几乎是咆哮道："要是他们在前一天打电话给我就好了，我可以更早地回到她身边，说不定可以……"她没法继续说下去了；她似乎被愤怒哽住了喉咙。通过告诉治疗师这个可怕的经历，她与治疗师之间形成了某种自体客体的联接，为了保护好这种联接，治疗师再一次接着她的话说道："你相信自己原本可以救回她。"希尔达看起来好像突然有些尴尬，她的眼中都是泪水，开始无声地哭泣，就好像她曾经是一个孤独的、没有母亲的婴儿，或许曾被迫在哭泣时不准发出声音。

无助之痛

最后，因为希尔达的无助感而产生的一些痛苦浮现出来。治疗师温柔地说了几句话来认可她的发展性需要，既是为了弥补她早期的镜映缺失，又是为了共情："你能这样爱她，这真是太棒了。"在这里，治疗师试图接受希尔达已经通过语言表达出来的、被认可的夸大性，并将其与她毕生渴望的爱联系起来。希尔达以自己所渴望的爱的方式去努力地爱着温迪，给予温迪自己从未拥有过的完全的响应。因为希尔达的父亲对她的占有欲，她向温迪表达爱的需要也被他的不赞成所复杂化了。生病的小温迪冒犯了他的自恋。因此，希尔达对于他最后时刻的干扰，即不及时告诉她温迪的病情而感到暴怒。在她的夸大性幻想中，她原本可以在最后的时刻用爱拯救妹妹的生命。

当治疗师说到希尔达能够这么爱妹妹是多么美妙，希尔达停止了哭泣，体贴而轻柔地说道："她是唯一一个我曾感到真的很亲近的人。不仅因为她很脆弱，而且和我一样非常敏感……我现在仍旧如此。她很聪明，能够分享我的一些兴趣，尽管她比我小很多。我会给她念小说、诗，甚至莎士比亚的作品。那似乎会让她的身体更好些，还有助于她的学业。她因为风湿热错过了很多学校的课，但是小学毕业时却是荣誉学生。她那年秋天原本可以去上高中，如果……"

她深深地啜泣着,继续说道:"……如果那年夏天她没有死的话。后来我再也无法谈起她,因为我没有办法告诉任何人温迪对我来说意味着什么,尤其是我的家人。"

孪生关系

治疗师认为,希尔达和温迪的关系可能就像是一种"孪生的"自体客体关系,她说道:"我猜那种感觉就像是你失去了自己的一部分。"希尔达点点头,再一次无声地哭起来。"是的,"当她能够再次开口时她说道。"她就像是我一个双胞胎妹妹,在很多方面和我很像,不过我在身体上更强壮些。但是尽管她身患疾病,她的精神很强大,在心灵上渴求知识和美。我们的父母不了解她,就好像他们也不了解我,而且他们从来没有试着去了解过。那就是为什么我们如此强烈地需要彼此。因为我们身边没有人试着去了解我们的感受,更不要说去了解我们的需要了!那年夏天我并不想去夏令营当辅导老师,但是我的父亲说我必须以那种方式去赚钱,否则我就不能回高中继续念高三了,而我觉得自己必须去念高中,这样就能照顾第一年在那里读高中的温迪。在她死后,似乎什么事情都不重要了。从某种意义上来说,我从那以后一直只是装样子般地行事,做人们期待我做的事情,工作上是这样,甚至在和男人们的关系上也是这样。"

治疗师意识到,希尔达的夸大性,还有因为温迪的死而对自己产生的自恋性暴怒,以及延迟了很久的悲伤让希尔达没有再去寻找一个好的自体客体关系,就像她与温迪曾经拥有过的孪生关系那样。正是这种分解感受的情结阻止了希尔达在一个具有适当回应的人类环境中立即发展出一个次级内聚性自体(second cohesive self)。治疗师意识到她必须接受温迪的爱和过世对希尔达所具有的深远意义,她对于希尔达寻找另一个"孪生姐妹"的难度做了共情,而不是去挑战这是否是一个成熟的目标,"自从你失去她之后,人生对你而言一定非常空虚。"

治疗师聚焦于温迪的去世,并尝试与希尔达目前已经进入意识层面的坚定信念进行同调，希尔达内心坚信，如果她不去那个夏令营，或者直觉地了解她病了并赶回家，或是至少可以像在梦里所做的那样，夺取飞机的控制权让飞机开得快一些，她原本可以挽救温迪的生命。治疗师也想要微妙地表达在她可以做到范围内，她愿意尝试成为希尔达的"孪生"自体客体，即使治疗师并不总是能够完整地对希尔达所说的内容报以共鸣。这是一个重新燃起的希望，作为孪生关系自体客体的基础，这种分享和相互作用可能会被再次发现，希尔达可以继续发展出一个内聚性的自体，她丰富的才能也可以开始获得更好的运作。

一次关键的面谈

从督导的观点来看，这次面谈对于发展一段稳定的自体客体移情关系似乎非常关键，这种移情关系越来越具备孪生关系的特点（见第六章）。但是，有一个重要的差异。当希尔达意识到她能够从治疗师那里获得一些共情，治疗师会对她的感受感兴趣，并且能够做出热情地回应，她就能够更冒险，去尝试了解其他人能够为她提供什么，包括男人，并且开始发现其他人能够对她做出反应，即使他们并不完全像治疗师一样。这并不是说这么做很容易。当她感到被批评或者被忽略时，仍然会退缩，尤其是在社交场合中，而她对无反应环境的攻击性会让她很难做出反击或者再次尝试。在这点上她的博士论文取得了相当大的进步，并最终在这次"关键的"会谈之后一年获得了博士学位。比起试图让希尔达接纳自己为一个值得尊敬和爱的人，科胡特关于健康的肯定（1977）的概念在争辩她想法是否正确方面似乎更适合她。但是，她不会再被自己的婴儿期夸大性、自体暴怒、未解决的哀伤，以及对于她——一个命中注定的人——所要从事的任何计划的可行性所产生矛盾的情感而弄得动弹不得了。

从现在这个有利的位置来看，有一点似乎很清楚，如果治疗师继续面质希尔达对于没有获得完美的关注以及她所渴望但不期待（她的自恋需求）的理解而产生的攻击性，那么希尔达可能在第一次"面质"之后很快就会脱离治疗。或者她可能会继续参加治疗，就像参加其他无效的活动一样，通过负面治疗反应来击败治疗师，以此获得空虚的胜利感。但是，鉴于治疗师有能力采取一个自体心理学的视角来共情希尔达的"不现实的攻击"，由此发展出了一段希尔达急需的自体客体移情，因而给予了她一个真正的第二次的机会，去发展一个内聚性的自体。

注释

[1] 在1984年"自体心理学发展协会系列讲座"中发表，1984年4月14日，纽约。

第三章
共情与自体客体

有影响力的观察者

共情还是不共情

满足

共情与内化

成熟的道德如何干扰共情

案例简述

共情与诊断

案例简述

作为满足感来源的治疗师

有一种情景，我们被另一个似乎很敏感的人倾听，他试图理解我们，向我们解释关于我们自己的事，这种情景为我们提供了"人类在心理上的生存与成长最为关键的情绪体验：自体客体背景下的关注"（Kohut，1984，p. 37）。

正如我们在第一章中提到的，科胡特在他过世前（1982）的最后一篇文章中谈道："遗憾的是，现在我必须补充说明，共情本身，仅仅单纯是共情的出现，从广义上讲，就具有一种助益作用，一种治疗的效果——既在临床环境中，也在人类日常的生活中"（p. 397）。科胡特在使用"遗憾的"这个词语时，他表达了自己希望成为纯粹的、超然的科学家的愿望，但这与他自己累积的证据相矛盾，他积累的证据表明，共情的观察者本身影响着其所努力要去理解的那个情景。

有影响力的观察者

在 19 世纪，完全客观是精神分析的主要理想，包括将观察者对观察对象的影响分离出来，尤其是与反移情有关时。然而，20 世纪不仅带给我们一个影响深远的观点，即从物理学家的观点来看，在任何情境下观察者对于观察对象都有重要作用；还带给我们一个日益深刻且具有启发性的洞察：那就是充满爱的养育方式让孩子的成长得以展开，没有爱的养育方式则会使孩子的成长趋于笨拙。在此，我们吸收了许多人的精神分析理论，如安娜·弗洛伊德（Anna Freud）、海因兹·哈特曼（Heinz Hartmann）、艾里克·艾里克森（Erik Erikson）、玛格丽特·马勒（Margaret Mahler）、伊迪斯·雅各布森（Edith Jacobson）、雷诺·史必兹（René Spitz）、安娜·欧斯坦（Anna Ornstein）、爱丽丝·米勒（Alice Miller）、路易斯·山德（Louis Sander）、马里恩·托品（Marion Tolpin）、约翰·麦克（John Mack）、约瑟夫·里希滕伯格（Joseph Lichtenberg），以及巴里·布雷泽尔顿（T. Barry Brazelton）。

尽管如此，是科胡特将探照灯对准了儿童核心自体持续终生的重要性，以及婴儿处在人类环境中是如何被回应的。在那样一个情境中，人类的反应性对于婴

第3章 共情与自体客体
Empathy and the Selfobject

儿期个体的生存就如氧气般重要。这个比喻凸显了自体客体的重要性，自体客体是自体存活的情感氧气，包括对于婴儿需要的识别。对于母亲而言，希望这个任务不会太难，只要她能在特定的时刻辨别出她孩子的需要，并对其做出恰当的反应，无论他是要玩耍、拥抱、护理，还是存在恐惧需要被安慰。

在自体心理学中，当治疗师使用自体客体这个术语，就意味着治疗师最终有一个任务是要努力成为病人的好的自体客体，病人受损的自体表明了其原生自体客体的缺失。因此，如果治疗师接受这个要求，就意味着他将必须努力共情地去了解，作为成年人的病人是在哪里没能呼吸到其自身需要用来发展一个健康自体的情感氧气，以及治疗师如何以一个陌生人的身份开始填补这个空缺。

共情还是不共情

在我们看来，大部分治疗师倾向于认为自己是共情的，即使有时"共情"可能要修正为"不准满足"。在另一方面，病人由于其最初被剥夺的经历，似乎处在永不满足地想要更多满足的危险境地之中，或者相反，因为他被给予得太多而需要去学习忍受挫折。无论是以上哪一种情况，治疗师都可能会困惑——如果要共情的话，到底应该给病人哪一种，又应该给多少。不过，让我们将这些致力于探索潜意识胜过努力共情的治疗师的这些常见的犹豫不决放在一边，先来想想那些真正关注于共情和自体心理学的治疗师。

这里有一个接受督导的案例，这位治疗师愿意并且正在进行共情，他在治疗一位极度抑郁的女士。这位病人之前是一个成功的歌手，在夜店唱歌，也在百老汇演出，但是，她不得不放弃自己的歌唱事业，不仅因为她患上了咽喉炎，还因为她和经理们之间无休止的冲突。她前来接受治疗与一个上电视主持脱口秀节目的机会有关，她满脑子都是消沉的信念，认为自己会失去这个机会，正如她已经失去了的许多其他机会一样。以下是针对这个问题进行治疗的对话：

治疗师：我能理解，对于将要失去这个真的很大的机会，进入到另一个不同的领域，你现在一定很焦虑，毕竟你已经展示出了自己作为一个富有经验的表演者的那一面，而且是顶尖的。

病人：是的。非常谢谢你。（停顿）你似乎没注意到，再也不会一样了。谁会需要这个呢？

治疗师：嗯，我理解这个脱口秀和在百老汇演出是不一样的。不过，在你进入百老汇之前，你也在夜店里唱了很久的歌。

病人：你记得我唱过歌，我也记得我唱过歌，对一个歌手来说，世界上没有哪一件事会和唱歌一样。这就像一个舞蹈者跳舞一样。如果只是开口说话，无所谓有多少人在听，那与唱歌是不一样的。

治疗师：嗯，我能理解你说的话，不过我们还是要对我们得到的机会现实些。

病人在下一次面谈时没有出现，然后向治疗师"请了个假"，因为紧迫的工作问题。此后她有一年没回来接受治疗，但是她后来确实回来了，这一事实说明她从治疗师这里感受到了共情。病人后来作了解释，治疗师才意识到自己没有，或许是不能，对歌手无法以唱歌为生这一处境意味着什么做出共情。病人将此事讲述得非常动人："就像夺去了鸟儿的声音一般。"

这类共情需要弗洛伊德最先表述的那种共情，是一种"感觉进入（feeling into）"另一个人的感受。我们能试着想象一个歌手不能再以唱歌为生会是什么样子，但是，如果我们不是歌手，我们就无法想象这种表达的丧失，以及对一个人自尊的打击。尽管如此，如果我们能想象如果是我们失去了一个珍贵的技能会是什么样子——比如，对于治疗师来说，就是失去谈话和倾听的能力——那么我们就能想象那对一个歌手来说是怎样的损失和暴怒了。这里我们关心的不是经济上或者事业上的损失，而是体验上的、创造力上的损失，这会将人带回儿童时代的核心自体。与这一点合上拍，就是真正的共情。

第3章 共情与自体客体
3 Empathy and the Selfobject

满　足

在病人脱离治疗一年之久以前，治疗师对病人的反应中有一个暗示，他担心（这一点是可以理解的）她会毁掉这个现实的机会，即通过一个电视节目来重振她的事业的机会。然而，病人感受到治疗师没有理解她，这足以使她脱离治疗相当长的一段时间，这意味着治疗师聚焦于现实的做法激起了这位刚刚"丧失亲人"的歌手的自恋性暴怒。我们特地使用了"丧失亲人的（bereaved）"这个词，因为我们正面对着一个事实，就是失去类似于歌唱这样一个自体实现（self-fulfilling）的才能所遭受的失落感，可能就像失去一段爱的关系一样，比如所爱的人过世。所以，当一个人重要的才能受挫，或者甚至是被完全隔断时，我们会进入到深层感受的领域。但我们在此处的焦点是满足，以及当治疗师过度关注现实情况可能造成他无法共情到病人所遭受的巨大丧失这一点与满足有何种关联。

我们必须回到历史当中，去思考在我们眼中弗洛伊德是如何看待精神分析师的恰当的科学立场的。然而，就如所有伟大的思想家一样，弗洛伊德显然是过于频繁地局限在这一早期的立场中，即使后来他做出了修改。在我们看来，没有哪个问题比这个问题更真实，即究竟要给予显然处于需求中的病人多少满足，无论他处在哪个攻击状态。也许弗洛伊德被引用最多的立场就是他在1912年所表述的，中立、现实导向、不提供满足的分析师，应当"在精神分析治疗的过程中效仿外科医生，抛开所有个人的情感，甚至是作为人类所拥有的同情心，将他的脑力集中于尽可能精巧地完成手术这个单一的目标上"（p. 115）。

弗洛伊德为这种"情感冷漠"做过辩护，称其是为了创造一个最为理想的条件，让医生保护好个人的情感生活，在治疗期间为患者提供他所能得到的最有效的帮助。

让我们回想一下布洛伊尔（Breuer），在精神分析诞生的时期弗洛伊德那位不太情愿的同事，当他发现他的病人安娜·欧（Anna O.）出现高需求的性移情时，他感到很害怕。当她表示想要为他生一个孩子时，他停止了对这位病人的治疗，也放弃了精神分析。因此，我们可以理解弗洛伊德在早期的时候害怕来自病人的难以处理的情感。

外科医生还是热情的医生

不过弗洛伊德依然是一个伟大的科学家，因为他是一个伟大的质疑者，他甚至会质疑自己最具权威性的论断。仍是就分析师对病人的满足这个话题，在向精神分析师们发出"做一名外科医生"的号召之后一年，弗洛伊德（Freud, 1913）发表了下一篇关于分析技巧的论文，"在治疗开始时，"在他回顾精神分析师对患者做释义（interpretation）的时机时说道："治疗的首要目标仍然是让患者依附于治疗，同时依附于医生个人。"（p. 139）

弗洛伊德继续指出，治疗师唯一要做的事情就是给病人时间。如果分析师对患者表现出极高的兴趣，并且没有犯过多的错误，病人很有可能会与医生形成一种联结，这会使他将医生认同为那些对他怀有感情的人中的一员。但是，如果治疗师采取任何非"同情地理解"的态度，如站在道德的高度，或是表现得好像站到了与患者对立的人的立场上，那么治疗可能就不会成功了。

给病人什么

大约是同一时间，在1913年2月，弗洛伊德写信给宾斯万格（Binswanger），谈及反移情的问题。弗洛伊德认为那是精神分析技术中最为困难的一个。在信中，弗洛伊德写道："给予病人的情感应当是经过有意识地分配的，然后当病人对它的需求上升时，或多或少给一些。偶尔需要大量……"（Binswanger, 1956, p. 50）。弗洛伊德也在此写下了重要的箴言："因为病人太爱分析师而给予病人极少的满足，这对病人是不公平的，同时也是一个技术上的错误"（Binswanger, 1956, p.50）。

8年之后，在1921年，弗洛伊德为他《团体心理学》中的"认同（identification）"那一章加了一个脚注，他写道："通过模仿，有一条从认同通向共情的道路，也就是通向对于机制的理解。其方法就是我们能够向另一个具有心智的生命表达自己的任何态度"（p.110）。正如科胡特的一位同事，欧内斯特·沃尔夫（Ernest Wolf）所指出的：

……由此，弗洛伊德明确地说明，如果我们以道德化代替共情的话，我们将会破坏移情恰当的发展。不仅如此，他说道，共情地理解是让我们有可能去对另一个人的精神生活表达任何观点的唯一方法。（Wolf, 1983a, p.310）

我们追踪了弗洛伊德对于共情和满足的立场，从他1912年强调的如外科医生般的冷漠情感，到他1913年倡导的同情的理解，以及他在1921年对于共情的拥护，认为其是唯一的理解另一个人精神生活的方法。在此，我们的目的是要去强调有一些分析师在面对其病人强烈的负面情绪时态度的改变，他们不再如外科医生般的冷漠。

当我们将共情定义为有益且具有治疗性时，共情本身是否就是一种满足？有两条词典上的定义（Thorndike, 1956; *Reader's Digest*, 1967）将满足定义为"给予欢乐或使其满意"，两条定义都以"满意（satisfy）"作为同义词。更为近期的一条（1967）将"满意"定义为："充分地提供他人所渴望的、期待的、需要的东西"。更早的一条（1956）将"满意"定义为"足够地给予"和"终结（需要、需求等）"。或许我们在试图澄清满足与满意在常用语境中的意义时太过迂腐，然而，"满足（gratification）"这个特定的词在精神分析师中确能激起罪恶感、焦虑和防御。

共情与内化

如果一位受过训练的精神卫生从业者愿意试着帮助病人减轻他的焦虑、低自尊、无助感和被所爱的对象抛弃的感觉，那么至少必须帮助他减轻一些痛苦，并且恢复一些对未来的希望。既然治疗师将成为病人的需要与渴望的提供者，那么这种减轻痛苦和产生希望的过程可以被视为满足了让人活下去的最低要求，同时也提供了一些满意感。就像所有提供需要的人一样，治疗师将会满足一个正在寻求舒缓自己未经满足的需要的人。由此，治疗师以这种基本的方式满足病人。莫代尔（Modell，1975）发现，分析师通过其稳定、可信以及对病人独特身份的感知来为其提供内隐的满足。因此，满足可以被视为一个不可或缺的部分，治疗师将自己作为一个潜在的好的自体客体提供给病人，而这是病人过去从未拥有过的。内化这个好的自体客体是病人继续发展自己被抑制的自体必经的过程，这就是科胡特及其同仁在治疗他们的病人时的发现。

在科胡特（Kohut，1982）最后一篇文章中，他解释了为什么在23年前，即1959年的时候，他总结过精神分析需要采用内省-共情的姿态。他引述了自己对于亚历山大（Alexander）强调驱力的生物学方面，包括指向依赖的、以驱力作为燃料的退化这一观点感到不舒服。科胡特也对哈特曼关注社会心理学概念中的适应与依赖而感到惋惜。

科胡特指出，在这些观点的影响下，分析成为了一种道德体系。结果，精神分析变得不太像是以对动力学与起源关系的探索和理解为基础的科学，而更像是一种设定目标的教育方法，并且这些目标是"未被承认且未经质疑的（unacknowledged and unquestioned）"（Kohut，1982，p.399）。根据科胡特所说，病人不仅被导向这些目标，而且还因为一些类似于"他的移情中未被承认且未经质疑的方面"，甚至自己努力尝试去实现这些目标（p.399）。

科胡特（Kohut，1982）强调他同意西方文明中关于知识与独立的价值观，同时补充道，这些价值观未被公开承认的影响和存在扭曲了分析师的感知，干扰了他们让自己的病人开发属于他们自己的核心计划与命运的能力。科胡特（Kohut，1982）坚称这两种价值观干扰了我们对于自体的关键位置及其在人类心理性格中地位的变迁的认可。最重要的是，知识与独立的价值观已经混淆了当代人所特有的、具有时代特征的精神疾病。

成熟的道德如何干扰共情

有一种强加于人的价值观，就是要尽可能多地了解自己，包括了解我们最可怕的创伤，加上一种期待，就是我们应当尽可能的独立，无论这是否可能影响到我们好的客体关系，这些都是"成熟道德"的例子。科胡特发现分析师常常不经思考地使用"成熟道德"，而这对治疗师与病人的关系是具有破坏性的。

如果治疗师假设病人会自动地理解并接受治疗师本人的"成熟道德"，并且一旦病人的行为没有与治疗师的期待相符合，就要求病人给予解释，那么病人往往会感到完全不被理解、不被关心。这样的态度也会迫使病人永远离开治疗室，致使治疗师深信这个病人是"无法治疗的"，因为治疗师确实没有做任何事情来促使病人离开。

许多病人体验到的共情失败，就像他们还是个孩子时在生命早期体验到的：就像永存于自体中的愤怒在找寻一个开放的、反应性的环境，这与人要寻找新鲜的空气吸入鲜活的肺中是一样的。与人类环境的割裂会被人们体验为对自体的威胁。

案例简述

有一位接受督导的治疗师提供了一个感人的案例，讲的正是一个因共情失败而导致的个案脱落。他第一次遇见病人玛丽（Marie）是在一个亲子机构的聚会上，他去那里做一个演讲。她后来联络到治疗师，表达了自己对他演讲的欣赏。然后她又说道，她对于自己已经见了两年的治疗师相当不满意，表示想要约见他。这位治疗师意识到，玛丽想要更换治疗师的背后或许有复杂的情绪，所以他说他可以安排一次咨询，看看他们是否适合一起工作。他也感谢了她对于自己演讲的赞美。

玛丽前来咨询，治疗师对她的印象得到了确认。她是一位很有吸引力的女性，三十多岁，个子挺高、苗条、看起来很知性。她已经结婚，有一个年幼的孩子。她在广告业做一份兼职，看起来很胜任那份工作。治疗师没有注意到她身体上的缺陷——童年时患小儿麻痹症而导致的轻微跛足——直到她提起自己患过小儿麻痹症。她还解释了自己买鞋时会遇到问题，尽管那些型号在普通的鞋店就能买到，但只有特殊的款型才适合她。

玛丽显然为自己的外表感到相当自豪，她说自己会花相当多的时间寻找和购买配得上她着装的、漂亮的鞋子。就在此时，治疗师发现自己在考虑此时讨论她的购鞋习惯是否适当，因为这个面谈是为了确定她是否要换他来继续治疗。然而，既然玛丽谈论的是与她童年时的疾病有关的购物，而且毫无疑问，这个疾病是具有创伤性的，他决定不打断她。玛丽继续说道，最近有一款她最喜欢的适合她的鞋子退出市场了，取而代之的新款式她很难穿上。她曾向以前那位治疗师J博士抱怨过这件事，而他略带一些高姿态地问她，为什么她不订做这种"特殊"的鞋子。

童年期残疾的创伤

玛丽告诉这位受督导的治疗师，当她听到这个建议时感到很恐惧，并对她的前任治疗师说："但是在我还是个孩子时，有好多年就是穿着那种丑极了的'老太太式'的鞋子。有时候，别人就直接指着那鞋并小声嘀咕。当他们发笑的时候，那是最糟糕的时刻！当我想到那几年可怕的日子时我仍然会感到颤抖,想起我是如何努力地学习去买普通的鞋子,好让自己看起来和其他人一样!"

治疗师发现自己非常感动,玛丽对于儿时因为残疾而遭受的痛苦羞辱以及她努力克服残疾的过程描述得相当生动。他想知道这位前任的治疗师是如何为他不敏感的建议努力补偿或者道歉的。他并不用想太久,因为玛丽紧接着就告诉了他。

"只要你不是那么虚荣!"她的前任治疗师说道,并且失望地摇摇头。就在这个时候,玛丽说她开始哭了起来。她的哭泣与其说是为了过去那些痛苦的回忆,倒不如说是因为她对治疗师不能理解她的心情而感到非常失望。

"我突然觉得自己好像离他数里之远,好像他从来没有为了我而存在过。我开始想起其他那些类似的评论。突然间,我的愤怒升腾起来,我想,'我接受这样一个男人的治疗干什么?他根本就不能理解我所说的话!'"

玛丽看着眼前这位治疗师,叹了口气,说道:"就是那个时候,我确定自己必须更换治疗师。我离开了治疗室,第二天打电话给他,只是说我不能再继续治疗了。当他要我去和他讨论这件事时,我说我已经考虑了很长一段时间,我想还是不去为好。就是那样。"

这位接受督导的治疗师说道:"我能理解你的感受。"他感到松了口气,幸好当初自己没有毫无共情地问她,在第一次会谈时间有限的情况下,讨论她买鞋的过程有什么目的。他特别意识到,上一位治疗师的失败之处并不只是没能回应她童年时期遭受的痛苦,更多是在于他大张旗鼓地反对她的"虚荣",这让玛丽感到他完全不关心她。前任治疗师暗示她渴望"像其他人一样"被人欣赏、被认为有吸引力的正常愿望是一种病理性自恋,就是否认她与生俱来的展示自我的权力和需要,就像她童年的残疾已经永远地剥夺了她被欣赏的镜映,所以她极度需要这欣赏的镜映来补偿其童年时的创伤。幸运的是,玛丽童年时的经验似乎已经给予了她足够多健康的镜映和志气,足以让她努力克服自己的残疾,最大化地利用自己所拥有的资源。然而她的自尊也足够脆弱,不只是因为小儿麻痹,还因为她的父亲在与她母亲的一次激烈争吵分手之后便突然消失了。

道德成熟的治疗师对自负

　　玛丽对于拥有一个共情的、可以信赖的并且能够敏感地呼应她的父亲形象为她守候的期望，已经因为其父亲的消失而受到严重破坏，也因此不可避免地，造成了她难以相信其他男人是可以信赖的并且是有爱的。她过去之所以接受治疗主要也是因为这个问题，她在无意识中确信，她童年时的问题造成了父亲的离开，并且继续在阻碍着她自己去爱其他的男人。玛丽很容易就能相信，她所体验到的J博士的疏远以及该治疗师对她感受的不敏感，都是她——可怜的、残疾的玛丽所能期待的，除非她变成J博士以及其他"可以接受的"男人期望中的样子——无论要以怎样神秘的方式变成那样。但是，当她正努力弥补自己的残疾时，J博士粗鲁地以成熟道德批评她"虚荣"，使她突然意识到她的治疗师对她的理解与她的真实感受之间有巨大的鸿沟。无论治疗师想要在她身上培养什么，那都不是她想要的。

　　玛丽发现现在这位治疗师在亲子会议上关于父母亲与孩子关系的讨论，似乎让她能够克服对于是否能找到一个值得信任的、足够敏感的治疗师的怀疑。在治疗中，她也发觉他的共情足以让她开始定期见他。随着治疗的进展，她发现他对自己女性化的不安全感有充分的回应，于是敢于再次相信她有可能找到一个值得她信赖和爱的男人。当治疗师在咨询中面对一个已经因先前的治疗经验而对治疗产生幻灭感的病人时，需要拿出最敏感的倾听和想象。共情的方法要求我们坚决站在病人的立场上，不让自己受到试图去"理解"先前的治疗师遇到的困难可能是什么的诱惑。这位接受督导的治疗师在思考他是否应当质疑关于购鞋的讨论时就已经转向了对峙模式。如果他没有停下来想一想，因小儿麻痹而造成跛足对这位女病人对自己吸引力的感受会造成什么影响的话，他也可能也会像J博士一样让病人产生幻灭，而且可能是永远的幻灭。如果我们总是试着思考，站在病人的立场听我们所说的话会是什么样的感受，那么这样努力的共情很少会将我们引向错误的地方。

共情与诊断

以上的案例为我们提供了一个例子，当病人打算离开，或是已经离开了先前的治疗师，并在咨询一位未来的新治疗师时，仔细地倾听与思考非常必要。在这个部分，我们计划探索的是作为诊断工具的共情。

自体心理学家常被人指责目光短浅，意思是说，他们只看到病人的自体状态，其他的什么也看不到。这大体而言是事实，并且符合科胡特（Kohut，1977）那个令人兴奋的关于上位自体的概念，那是我们存在的终极试金石，尽管如此，科胡特确实为客体关系问题留下了空间。我们在他广泛的方法中特别看到这一点，他将俄狄浦斯经验视作获得快乐的正常潜力，而不是一个让孩子永远背负着负罪感的经验（除非他经历一次成功的精神分析，为他永远平息俄狄浦斯的魂灵）。

病人想去哪里？

在试探性的、渐进的诊断过程中，有一点很重要，而且最好所有的治疗师和分析师都能采用，就是对病人目前处于什么位置、他将要去向何方给予多种可能性的考虑（实际上，如果病人对此有任何具体想法的话）。病人意识层面想要成长到什么水平以及他似乎有能力达到的水平，与治疗师实际上相信病人能够走多远，有时候会有显著的差异。如果我们仍然固锁在弗洛伊德的驱力理论或者现实的自我心理学中，那么我们可能会感到迫于压力，要将病人看作由明显的或者潜在的俄狄浦斯问题造成的神经症患者。或者我们可能认为病人从前俄狄浦斯期发展的缺陷中获得了某种好处，从而阻碍了正常的自我发展，包括客体关系的发展。不论是哪种情况，病人对自体的考虑很有可能会比治疗师考虑得还多。在我们的经验中，即使我们可能会带着反对夸耀的自恋的成熟道德，去反对把过多的重点放在与客体关系相对的自体上，但如果病人带着一个急迫的"我（Ⅰ）"的问题前来咨询，就会迫使我们也去考虑"我"。

我们提议，因为我们相信科胡特（Kohut，1977，1984）曾经提议过，把对自体状态的考虑放在诊断标准的第一位。如果我们记得，婴儿来到这个世界上时是带着一个有潜力的核心自体，并且会根据照料他的环境如何响应他的需求而有不同的发展——包括了一些诸如运动、言语、积极和消极的早期趋势——那么我们就能意识到，我们眼前的病人或许正在努力发展出一个真正的核心自体（也就是内聚性自体），或是病人已经超越了这个水平，在寻求一种对俄狄浦斯的理解，那原本可以是欢乐的感受，却转变成了因为有性的感觉或生气的感觉而憎恨自己的感受。

案例简述

让我们看一下桑德拉（Sandra S.）的案例，她35岁时接受了这位治疗师的治疗。她最初寻求治疗是因为自己具有极度疏离的感受，"感到没人能理解自己，而且身边空无一人。"她母亲在她两岁半时过世，此后她就被安置在孤儿院里。尽管她对孤儿院的经历几乎没有记忆，但是这并不说明她具有发展性缺陷，因为她经历了母亲过世、被人从自己家里带到一个陌生的环境（孤儿院）里的创伤。在更为传统和更为发展取向的心理治疗方法中，似乎有一种倾向，就是无视病人早期丧失爱的客体带来的创伤，无视处在一个完全陌生的环境中给病人造成的创伤。不知什么缘故，当时人们假设一个功能完好的两岁半的自我，应当能够超越这种压力和创伤而继续活下去。

这似乎就是桑德拉继母的态度，桑德拉的父亲在她去孤儿院七年之后和这位女士结了婚。桑德拉被带出了孤儿院，住进了父亲和继母的新家，那时她差不多是10岁。她与继母一起生活的经历有点像灰姑娘的经历，每天都要受到体罚和剥削。

要么是怕父亲后悔带她回来、要么是怕他对她的抱怨生气，桑德拉没有告诉父亲自己受到虐待的事情，她觉得父亲"不知道究竟发生了什么"。她把所有的事都藏在心里，尤其当她的继母警告她"如果你告诉了你爸爸，对你只会更糟糕，而且他也不会相信你"之后。桑德拉对她悲惨处境的合理说辞是，父亲再婚是为了"给我一个家，他并不爱她"。

她对父亲的理想化一直保持到他去世，那一年桑德拉27岁。她的继母此后在老人院里安养了几年。父亲死后，桑德拉搬进了一家酒店，过着单身、孤独的生活。她主要的满意感来源是她的秘书工作。在治疗中，她把工作中的每件事的细节都告诉治疗师。她告诉治疗师诸如老板对她随意的态度、同事对她刻薄的评价等自恋性的受伤，这些都会引起她强烈的情绪反应和痛苦感受。她接受这些感受，认为是她应得的，并且回避对它们的剖析。几年以后，治疗仍然是她生存下去的必要部分，她常说："你总是相信我。从过去到现在，你一直是我的救命绳索。"

治疗师感激地接受这种理想化，并且说道："当然，我能意识到其他人对你感受的不敏感会令你感到痛苦，那些都是真实的痛苦，过去是这样，现在还是这样。那些对你来说都是可怕的经历，就像你和继母相处时的经历一样。"治疗师对她在捍卫自己时的无助感表示共情，给予她从父母那里从未得到过的贴心反应，同时还不损害她对于过世的父亲的理想化，那可能是她对抗俄狄浦斯罪疚的防御机制。然而，当治疗师有很长一段时间需要出门旅行时，将她转介给了自己的一位同事，那位同事对她的需要却不是那么敏感。

替补治疗师的危险

第二个治疗师对桑德拉的同事攻击她的现实性表示质疑，由此实现了她继母的语言("他不会相信你")。她对他的试探感到暴怒,并且取消了余下的治疗。她自己的治疗师回来后向她道歉,并保证她再也不会把她转介给其他不胜任自体心理学治疗模式的治疗师,因为其他疗法在共情的方式上有太大的差异。

这个病人差一点点就要永远的离开这位治疗师了,就在当她刚刚开始敢要一个属于她自己的男人的时候。尽管桑德拉已经40岁出头,但是她几乎没有和男人交往的经验。她有吸引力、身材姣好,尽管如此,她还是觉得自己"很老,没有吸引力",而且"对男人的了解几乎就像个13岁的孩子那么多"。治疗师认可了她的说法,尽管是个成年人,但是因为她缺乏经验,当然会觉得自己像个年轻的青少年。

在治疗开始的前几年,桑德拉和治疗师几乎很少提到过男人和性。在大约五年之后,桑德拉开始更多地关注自己的穿着,并且告诉治疗师,她有时候会自慰。治疗师评论道,她能用自己的身体来愉悦自己是一件好事。于是,她告诉治疗师自己甚至还体验到了性高潮。治疗师再次强调,她能用自己的身体体验狂喜和愉悦是件多么好的事。在比较短的一段时间之后,桑德拉说起想要和一个男人在一起,然而她还是有点害怕约会。她告诉治疗师,有时候,如果老板的生意伙伴在商务午餐时用调情的方式和她说话,她会手足无措。有一次还是两次,她甚至吐了。

治疗师对她的恐惧感做了共情。最近,当她去商店为自己家买一幅画,商店的老板乔(Joe),提议去她家帮她挂画。桑德拉意识到了这个信息的含义,她同意了。她对治疗师提到,她觉得他对自己有兴趣。桑德拉说,她要打电话给他约定时间,但是她不敢打这个电话。

治疗师问她是不是愿意在治疗期间,由治疗师坐在她身边的时候给乔打电话。桑德拉很高兴,表示自己愿意这么做。她跪在地板上,拨打靠近治疗师的电话,她一手握着治疗师的手,另一只手打电话。治疗师让桑德拉握着她的手,并且全神贯注于她。她似乎放松了下来,声音愉悦、温暖而且很恰当,她和乔定下了约会。在讲了几分钟之后,她挂断了电话,然后倒在座椅上。她长长地舒了一口气，说道："我做到了，但是我好紧张。我的心在里面狂跳。我不知道自己是不是能够做得到。"

治疗师想知道，桑德拉的焦虑是否与她熟悉的对性欲的恐惧有任何关系，还是（或者）与对她父亲的俄狄浦斯渴望有关，治疗师问桑德拉刚才她在想什么，即使她知道桑德拉可能会因为治疗师没有立刻明白她打电话时看似平静的表现背后潜藏的情绪而生气。

然而，这一次桑德拉似乎没有期望治疗师能够读懂她的心思。她叹了口气，说道："我想我会没事的，直到他发现我是个处女。到那时候我该怎么跟他说呢？我该怎么解释我有着44岁女人的身体，但是我接受了多年的心理治疗，只是为了学习怎么和男人讲话，而且我还是个处女，从来没有和男人发生过性关系。"

病人对发展受阻的恐惧

治疗师对于潜藏在桑德拉的焦虑背后存在俄狄浦斯情结的可能性做了自我检查，这让她对桑德拉害怕被她可能的未来男友嘲笑并拒绝的想法做出了一个诊断，桑德拉的恐惧来源于对于自己是否是一个可爱女人的自我形象有所动摇，而不是因为内化了她严厉的继母带给她的超我罪疚感。治疗师感觉到，桑德拉感到尴尬的是，她自认为自己在性方面的发展有些滞后，害怕她未来可能的爱人会在发现这点后对她失去兴趣，好像在桑德拉发展停滞这件事情上有某些没有希望的反常一样。治疗师发现自己处于一个进退维谷的境地，这对自体心理学家而言太熟悉不过了：这就是，是否要用基于现实的警告来放慢病人的热情，甚至是激情上升的速度，告诉他们内心的希望可能不会实现，还是冒着病人最后可能希望幻灭的危险，鼓励病人寻求自体的实现。

治疗师决定尊重桑德拉不可避免的担心，那个男人确实可能对她失去兴趣，如果事实证明她太过性压抑的话。而另一方面，治疗师也对桑德拉的恐惧做了共情，即如果她要装出比她自己实际上的情况更有经验的话，这个男人还是有可能会发现她是一个处女，然后对她的欺骗感到生气。治疗师遗憾地承认，这两种情况都有可能发生，然后她小心地强调，即使是像治疗师那样好的自体客体，也无法完全保证性经验和性吸引总能通向爱和幸福。青少年和年轻的成年人也一次又一次地发现这个令人痛苦的事实，尤其是在现在这样一个性革命的年代。桑德拉目前所做的事情，正是她青春期后期和成年早期阶段的发展任务，然而因为她当时破碎的自体而被残忍地阻滞了——她父亲最终过世以及她对父亲被迫的理想化，使得这一自然、愉快的俄狄浦斯经验终于变得无法企及。

对不敏感说不的权力

总之，治疗师不想干扰桑德拉充满激情而又微妙的女性气质的展开。治疗师认可桑德拉担心失去未来可能的男友的想法具有其合理性，她建议桑德拉在开始的时候慢慢来，先看看自己是否足够在乎他，希望发展一段持久的关系。治疗师在这里强调了一些常常被忽视的问题：无论她在与男人交往方面是如何缺乏经验以及不确定，她确实是有自己的偏好和厌恶的。于是治疗师告诉桑德拉，她有权力说："不，这个男人还不够理解我，不值得我把自己痛苦的人生经历暴露在他面前。我已经受到过够多的羞辱和失望了。"与此同时，治疗师再次传达给桑德拉一个信息，就像一个好的自体客体那样，如果她决定想要冒险试一试，治疗师会在她身边，帮助她计划告诉那个男人哪些内容。

因为治疗师的办公室设在自己家中，桑德拉知道治疗师有一段长期的婚姻关系，因此，治疗师作为一个女人，在预料男性的反应方面更有经验。然而，这种被公认的专长在治疗师这方面，可能会感觉像是一个无所不知的家长告诉自己的孩子应该怎样做功课，而不是在帮助病人逾越障碍。治疗师强调了桑德拉与她的讨论是相互的，强调最终还是取决于桑德拉本人想要说什么。治疗师对桑德拉的自主性及其复杂的情感表现出这样审慎的尊重，这缓解了桑德拉的焦虑。她在一阵情绪爆发之后说道:"我厌倦了一个人的生活。我想要有个人作伴。我想要有个男人能够拥抱我、亲吻我、告诉我他关心我。其他女人都有。为什么我不行呢?"

病人对于爱与性满足直截了当的要求代表着治疗师采用谨慎方法的胜利。桑德拉面临着一个两难境地,是否要再一次拒绝一个似乎关心她的男人,只是因为他可能不会接受她的感受和她的自体表象,当然,这是桑德拉在她的继母那里体验到的、重要的、自体破碎的移情关系的再现。桑德拉在两岁半时失去自己的母亲,并且在一个孤儿院里住到近10岁,桑德拉几乎没有充满爱的、可信赖的自体客体体验。可以想象,有孤儿院里的照料者或者其他孩子陪伴,以及可能是与她亲生母亲在一起时关键的最初两年,关于她自己独立处理各种困难的广泛的能力,她体验过足够多的欣赏,所以自体期待强化了她的无意识夸大性,要求她应当有能力把每一件事都做到完美。

不幸的是,在她的经验当中,尤其是与女人相处的经验中,她悲惨地失败了。她不仅没能留住母亲的生命(Weiner & White, 1983),还没能让她的继母关心她,而不是虐待她。最终,桑德拉没能获得一个值得信赖的许可,让她可以去寻求父亲的关心和爱。无论她生母与她父亲的关系如何,以及无论她的父亲有什么问题,桑德拉没能感觉到来自父亲的足够的关心,这导致她无法自然而然地期待自己能争取到父亲的支持,对抗她的继母。

充当继母角色的治疗师

就桑德拉的经验而言,当出现了一种三角关系时,那么治疗师,尤其是一位女性治疗师,一定会有抛弃(比如,她过世的生母),或者报复(比如,她的继母)桑德拉的嫌疑。桑德拉可以把这些想象中的反应解释为,对于自己想要从三角关系中的母亲形象或者父亲形象那里索取一些爱的惩罚。但是,对想要从每个人那里获得完美的爱(婴儿期的夸大性期待)的受虐式防御是要人相信,只有当一个人为另一个人提供所有他想要的东西时，他才能得到爱，也就是，反转的婴儿期夸大性期待。

当桑德拉在回应那个自然被她吸引的男人，并感觉到自己长期受挫的女性性欲的萌动时，她就会陷入这种受虐式的反应。但是，这里的情况被特别复杂化了，因为治疗师，她的好的自体客体，是一个女人。桑德拉最后能够信任一个女人，让她去帮助她，在一个三角关系中陪伴她吗？而且可以想象，这可能最终会令她脱离治疗师。我们理解，我们正在离开自体关系的范畴，进入客体关系的领域，但是从自体心理学的观点来看，这在治疗中是不可避免，同时也是我们想要的。这个过程正是在迈向成为一个完整的人的目标。

在考虑所有有关治疗师对于桑德拉有机会拥有一段性关系的反应时，我们认为她的处理既谨慎又不谨慎（从保守的心理治疗的角度来看），她的目的是帮助桑德拉面对并处理她重要的的自体关系和客体关系，即让她感觉自己有资格享受异性带来的满足感。时至今日，在治疗师在督导中报告个案的情况时，桑德拉已经与乔有所进展，并且正在试图克服伴随她一生的，为自己主张某些需求时的焦虑，当她和乔、她的朋友甚至和她老板在一起时，她开始尝试为了自己向他们提出要求。

作为满足感来源的治疗师

既然我们都（出于许多可解释的，以及一些仍旧无法解释的原因）对治疗师（或者其他任何人）的"不小心"或值得质疑的策略感兴趣，那么让我们先来考虑"不小心"这一议题。从传统的弗洛伊德流派的模式或是自我心理学模式来看，治疗师是不应该触碰病人的，因为假设任何肢体接触都等同于婴儿期的满足，将会无法掌控，并且只可能意味着性欲化。

当治疗师在治疗过程中鼓励桑德拉打电话给她可能的新男友，桑德拉的反应是"高兴"，并且跪在电话旁边的地毯上，握着治疗师的手，用另一只手打电话。从一个自体心理学家的观点来看，这是当她主动寻求另一个能够给予她性满足的自体客体时，需要保持与自己的好的自体客体——也就是治疗师——有所联结的绝妙表达！桑德拉通过握住治疗师的手来公开表达她需要肢体接触，在治疗师这方面，治疗师会给予她祝福，治疗师没有拒绝与她握手这一事实说明，这似乎是一个完全的（肢体上、语言上、情绪上的）再次肯定，也就是说，治疗师对于她最终决定主动寻求男性的爱是给予祝福的。

事实上，治疗师后来报告，桑德拉能够继续发展出一个内聚性自体，包括一个娇弱的、敏感的、性感的女性化自体，这似乎充分证明，有时候在治疗过程中，如果病人自发地做出一个充满感情的触摸动作，治疗师需要去接受它。我们说"需要去"，是因为如果一个治疗师，出于反移情的原因，即他自己的压抑而无法触碰病人，那么对病人来说可能就会遇到一个严重的问题，他将在治疗室中重新经历自己的生理自体被拒绝的过程，已经有许多先例证明，这对于病人发展出一个对自己的可爱程度有自信的内聚性自体是具有毁灭性的。

触碰病人依然是一个深刻的治疗性议题。科胡特在过世前做过一个动人的演讲，那是在1981年旧金山的自体心理学大会上，他生前所做的最后一次演讲。他非常担忧地向大家解释自己在治疗中的一个行为，他有一个严重抑郁的病人，她很害怕死亡，害怕棺材盖子盖到自己身上的情景，科胡特向她伸出了一个手指，让她握着。科胡特感觉病人对这个动作的回应是，就像一个没有牙齿的婴儿在吮吸母亲的乳房。毫无疑问，科胡特本人也病得很重，他认同了病人对于死亡的恐惧。尽管如此，他所接受的严格的精神分析训练使他对于自己为敢于触碰病人这件事所做的辩护感到非常矛盾，即使她的反应，如他所描述的，像是一个饥饿的婴儿。

在科胡特的病人和桑德拉的案例中，他们都需要治疗师以肢体触碰的方式做共情，以此给他们再一次的确定，他们并不孤独，如果他们去追求任何自己想要做的事情，治疗师不会因此而撇下他们，并且会对他们的任何需求给予共情的回应。在科胡特的病人对于失去生命的绝望的恐惧，与桑德拉对于永远无法作为一个女人获得性欲之爱的绝望的恐惧之间，是一个完整的发展性成长历程。不过，我们所有人似乎都需要一些反复的保证：好的自体客体和共情的人会陪伴着我们。很有可能，婴儿如此需要、如此认可的，充满爱的人类碰触的力量，也是许多成年人在他们自体焦虑或自体绝望时所需要的。如果治疗师出于某种原因对于接纳单纯的人与人的触碰有所压抑，那么这难道不会被病人体验为一种拒绝吗？而且，治疗师要将自己作为病人从未拥有过的好的自体客体呈献给他，但又拒绝任何碰触，这不也显得很滑稽吗？

我们正在讨论的是有关共情的错综复杂的表达方式。在桑德拉的案例中，治疗师贯穿整个治疗过程的共情帮助她成长为一个温暖、对性有兴趣、自信的女人，这个结果自然的令病人和治疗师双方都感到满足。我们特意使用了"满足"这个词，因为我们相信，治疗结果应当让参与整个治疗性冒险旅程的双方都感到满足。

就我们所知，共情是人类独有的能力，它让一个人能够感受另外一个人的精神生活并尝试去理解它，并且在理解的基础上，尝试参与进去。从治疗师的立场出发，这种尝试就是以促进其发展的自体客体的身份去分享他人的精神生活，去补偿其双亲自体客体的缺失。更广义上来讲，超越治疗范畴，共情是我们所有人在尝试感受和理解其他人的精神生活时都需要的，那些人包括和我们很亲近的人，也包括我们在职业生涯中必须理解的人，这样我们才能高效率地与之合作。

第四章

夸大性自体：暴怒或成就的源泉

自恋性暴怒：对于完全控制的需要

夸大性：保证对无助

对赞誉的需要

自我感觉良好的权利

躯体化的可怕之处

对自体的暴怒

病人对治疗师的暴怒

案例简述

处理自恋性暴怒

夸大的神

科胡特在《自体的重建》（Kohut, 1977）中指出，人类的攻击是无反应环境下的分解产物，他将自恋性暴怒的概念归于此类。在他更为早期的一篇文献《混乱世界中的精神分析》（*Psychoanalysis in a Troubled World*, 1970）中，科胡特不仅将婴儿期夸大性自体视为自恋性暴怒的来源，同时也将其视作人类的健康抱负与非凡成就的源泉。在大约15年前的同一篇文章中，科胡特继续问道，自体心理学的概念是否能够制止那种如今足以引发毁灭人类及地球的核战争的自恋性暴怒，并且有助于控制住人类固有的夸大性，维系人类种族的延续。

在一个有限的意义上而言，自体心理学的概念和技术已经在过去的二十多年中证明，诱使婴儿期的夸大性退化为病理性自恋的自恋性暴怒是可以被驯服的，并且可以通过治疗师对病人古老的镜映需要的调和，而将这种夸大性引导为对其抱负心具有建设性的刺激因素（Atwood & Stolorow, 1984）。科胡特已经成功驯服了自恋性暴怒，在他过世后才出版的《精神分析治愈之道》（*How Does Analysis Cure*, 1984）一书中，他将其称为"分析师的两步干预法——让病人一次又一次地体验到被理解，并紧随其后进行解释……"（p. 206）。

所谓"理解"，科胡特的意思当然是指共情，我们在之前的章节中已经加以描述。在他去世后发表的一篇1982年的文章中，科胡特不仅将共情描述为一种通过对另一个人的自体客体需要做感同身受的理解来收集资料的方式，还视其为"人与人之间强有力的情感纽带"（p. 397）。

然后他引用了一些人们是如何害怕"失去共情性环境"的令人心寒的例子，那时他们只能通过情绪调和来保持自体的生存。他提到了人们对死亡和精神病的恐惧，提到了宇航员对于他们的尸体将永远在太空中兜圈子、无法回到地球家园的恐惧，提到了在纳粹集中营中面对反人性屠杀的可怕的心理后果，还提到了像在卡夫卡的《变形记》和奥尼尔的《长夜漫漫路迢迢》等文学作品中那样，暴露于无共情环境中的恐惧。

通过浸入式的共情来理解自恋性暴怒，这正是运用自体心理学概念的分析师所采用的方法。他尝试帮助病人重新触及婴儿期的夸大性，并且将其释放并接纳，这能为核心自体的抱负心提供能量。科胡特发现，不论是通过失败的分析还是成功的分析，具有自体缺陷的病人在产生主要的自发性移情的同时，将产生一个对于镜映的需要，即病人需要分析师对其兴趣或成就给予共情性的鼓励。当这种"母亲眼中的光彩"（Kohut，1971）没有出现，病人将特征性地反应出自恋性暴怒，其表现形式要么是冰冷的不做反应，要么是对分析师无情的攻击，攻击其弱点以及病人假设的敏感之处，如年龄、专业成就、容貌、装饰品位，或者任何病人可能了解的分析师个人或专业的失败之处。

自恋性暴怒：对于完全控制的需要

自恋性暴怒，无论以何种形式出现，其特征都是一种报复某人、让别人收回冒犯的冲动，以及完成这些目标的驱动力，对于那些因受到侮辱而产生的自恋性伤口，报复行动一刻也不得拖延。在科胡特（Kohut，1972）开拓性的论文中，所有的自恋性暴怒均具有这些特征。

因此，具有自恋倾向的人会将"敌人"体验为一个放大的自体"难以驾驭的"部分，并期望对其具有完全的控制（Kohut，1972）。对于那些有深度自恋剥夺的人而言，要去意识到另一个人是不同的，或是让其独立起来，都是对他的一次冒犯和打击。

科胡特写道：

……古老的经验模式解释了为什么那些……受到自恋性暴怒控制的人表现出……不可改变的愿望，要去遮掩这些对于夸大性自体的冒犯……以及当其失去对镜映自体客体的控制，或是当无所不能的自体客体无法企及时，所出现的绝不宽恕的狂怒。（Ornstein，1978b，p. 645）。

如果观察者——如，父母、老师、朋友，以及最为重要的治疗师，能表现得足够共情，那么他就能够觉察到频频引发自恋性暴怒的琐碎刺激所具有的更大的意义，并且能够努力地去理解它，而不是予以反击或是拒绝性的退缩。

科胡特对于自恋性暴怒的广度和深度具有露骨的描述，其丰富的含义至今仍很难被充分地理解。这个问题将在本章节后半部分继续探讨，现在，就让我们先回到治疗师对于自己的感受的挣扎上，这种感受来自于处在自恋性暴怒剧痛中的病人那似乎持续不断且不太适宜的攻击。当病人在我们去度一个很需要的假期前后几周里狠狠地修理我们时，作为专业人士的治疗师也很难做到不咬牙切齿。至少我们感到我们很需要这样的假期，但是要让病人能够接受这点，我们却显得很无助，病人只会在被抛弃的愤怒中哭泣、咒骂或者像石头般的沉默。

有时候我们也会惊讶地发现自己在面对一个突然改期的约会时有同样暴怒的反应。如果病人假定治疗师像他自己身体或心灵中难以驾驭的部分那样失灵了，那么也许我们在那时就能发现这看似不必要的暴怒是一种可以理解的反应。作为病人无意识夸大性的参与者，治疗师长久以来都是病人自体的一个强有力但无法加以描述的操控者，治疗师成了病人顺从的精灵，执行甚至预料他的每一个要求。

"但这是婴儿化的！"一个着眼于现实的治疗师会这样反对，同时怀疑这也许是出于治疗师自己的反移情反应："婴儿确实需要这样的理解和帮助，但是婴儿也需要很快地去发现自己必须要等待，毕竟妈妈不是魔术师。"

夸大性：保证对无助

就像运用自体心理学的治疗师所发现的，对他们表达暴怒的病人仍然无意识地处于夸大性现实的模糊区域，绝望地需要得到保证（reassurance）：自己不会被无助地抛弃在这恐怖的世界中。这样的保证是所有人类神话的精华，无论是宗教神话还是政治神话，从古至今的婴儿都吸取着这些神话。事实上，米勒（Miller, 1981, 1983）也发现，父母总是偏向最聪明、反应最积极的婴儿，好像他/

第4章 夸大性自体：暴怒或成就的源泉
4 The Grandiose Self: A Wellspring of Rage or Achievement?

她是一位满足婴儿受挫需要的父母，而根本不需要许多的养育。在这种情况下，儿童利用古老的想象夸大性的资源，似乎是不可避免的；但是被利用的儿童的夸大性，又遭遇到成年人的嘲弄，而不得不用精致的自我克制加以掩饰，我们的术语称之为受虐狂。

受虐狂是如此普遍而又难以治疗，我们无法理解它，除非把它看作对未经释放的、指向自己的自恋性暴怒的绝望阻拦，以防止自己陷入自杀念头。通过满足他人的要求可以获得一些虚假的自我价值感，如果连这也没有，我们的"被剥削者"至少还可以陷入惰性中，然后就是陷入深度的抑郁，或许是自杀。他们是活生生的证明，一个健康的、内聚性的自体需要早期来自母亲般的照料者的"镜映"，这可以给予健康的抱负心以及自尊以至关重要的推动。

对赞誉的需要

科胡特是第一个指出赞誉对儿童的重要性的精神分析师，并且他认为每一个成年人毕生都有从某个自体客体处获得欣赏性反应的需要。在1972年，他强调"现在，人们要克服对待自恋的虚伪态度，就像一百年前的人要克服对待性的虚伪态度一样"（p.620）。他还说"我们不应该否认自己的抱负心……我们想要闪光的愿望"（p.620），而是要认可这些自恋需要的合理性。只有那样才能使婴儿期的夸大性与自我表现的源泉得以发展成为稳定的自尊。

科胡特（Kohut, 1971）维持了他早期的观点，夸大性自体和退化性防御构成了一个正常的发展阶段，退化性防御来自于对全能的双亲影像太早或太突然的失望。这与科恩伯格（Kernberg, 1975）的立场形成了对比，他认为自恋性的夸大是一种退化固着（regressive fixation）。然而，马勒等人（Mahler et al, 1975）对普通母亲与孩子的大量观察研究结果证实，（作为更大的分离-个体化阶段的）"练习性"亚阶段有规律的出现。在这个阶段，学步期儿童从爬行到获得人类独有的直立行走姿势，同时也获得了全能与得意的感受以及自信的期待，认为世界现在是、并且永远都将在自己的掌控之中。科胡特还强调，胜利的感觉以及健康的、充满抱负的志向的基础，都是获得直立姿势后所固有的，他说道：

……"直立的姿势"（Straus，1952）作为发展阶段顺序中最新的收获，是不是最恰当地成为了表达胜利自豪感的象征行为？（Kohut，1977，pp. 12-12）

他继续暗示"飞行的梦和对飞行的幻想"可以被视为表达人类对自己作为一种头部向上、直立姿态的物种的喜悦感受——"这被每一代的学步期儿童一再体验着"（同上，加了强调）。

自我感觉良好的权利

我们强调夸大性自体，如科胡特所描述的，过去是、现在依然是被看作一个正常的发展阶段。不仅科胡特持有此立场，精神分析发展模式的杰出代表，以及更为传统的弗洛伊德模式的使用者都持有这一立场。这反映出一个观点，即认为发展过程中的阴茎阶段（Phallic stage）是重要的，在这个阶段具有表现的需要（3—4岁的生殖器期）。

就我们自己作为分析师和督导师的经验，以及来自其他分析师的口头及书面描述，我们发现，对夸大性自体的出现表示共情，尤其是在移情过程中时，会遇到情绪上的阻碍。如果治疗师能提醒自己，这个施虐狂的、不知满足的、超级敏感的、反复无常的、毁灭自体的、同时也是毁灭客体的病人，从基本的层面来说，是一个孩子，可悲地被人剥夺了其本不应被剥夺的权利，他需要对自己有好的感觉，那么治疗师就可能更容易理解他。

一位接受督导的治疗师有一个非常棘手的女病人，在每一次面谈中，治疗师都要提醒自己，这位病人经历了怎样的无反应环境、羞辱以及惩罚，只有这样，治疗师才能鼓起勇气面对病人指向她的自恋性暴怒，并对其做出共情。治

第4章 夸大性自体：暴怒或成就的源泉
4 The Grandiose Self: A Wellspring of Rage or Achievement?

疗师有时候想朝这位病人吼回去，告诉病人她没有权利如此傲慢地对她，或是为自己辩护，反驳她扭曲的观点，纠正这些错误。每当治疗师尝试后者，病人的暴怒都会上升到发狂的高度，尖叫声会使治疗师担心自己可能被赶出去。一天，治疗师鼓起勇气向她宣布自己的圣诞假期，而这在以往每次都会引起病人的语言中伤，这次病人表现出不详的沉默，然后她突然冲向关着的窗户，用手击打玻璃。

治疗师吓坏了，仍抱着一线希望，希望她没有真的打破玻璃。然后她看见窗子附近的地板上有一块玻璃。治疗师害怕病人会试图用这块玻璃伤害自己或者治疗师。治疗师想知道，病人已经划破自己的手了吗？因为她背对治疗师站在窗前，她不可能看到她的手怎么样了。治疗师试图找出一些共情的话来说，这是唯一能够使病人冷静下来的方法，治疗师问道："你伤到手了吗？"这立刻让病人感觉到，比起对她的害怕，治疗师更关心她的感受和健康。病人转过身，一言不发，把手伸了出来。双手没有划破，因为玻璃本来有个裂痕，病人一用力，它就掉了出去。

治疗师说："我真高兴你没有割伤自己。"然后快速地弯腰捡起碎玻璃，在病人的情绪转回暴怒之前把它扔到垃圾箱里。病人看着治疗师，真心地关切道："小心玻璃，不要伤到你自己。"这是她对治疗师个人第一次表达关怀，并且，感觉上是病人第一次试探性地从消耗人的自恋性暴怒转向一种意识，意识到治疗师是一个分离的个体，也有感受，需要得到别人的关照。

当然，病人之后也经常退化为暴怒的、乱发脾气的婴儿。但是治疗师从此再也没有感受到病人的冷酷无情和自恋性暴怒，再也没有感受到病人那种因为没有得到共情的反应而产生的对惩罚性自体客体做出谋杀性报复的愿望，以前正是那些无共情的环境让病人感到自己作为一个人却如此得不到关怀。

关于处在移情的夸大性自体阶段的病人所具有的躯体化问题，科胡特给过我们一些重要的指导，那些就像儿童的发展，夹杂着对治疗师的理想化。科胡特回顾关于上位自体的概念，及其与身体各部位的生理与心理功能关系的意义时，他说过

"一个人对自己整个身体-心灵自体（body-mind self）的组织图式（organizing schema）提供了一种安全感，它加强了个人体验自身某部分的愉悦感及执行某个单一功能的能力。"（p.748），包括"强大核心自体的呈现"（1974，p.764）。

躯体化的可怕之处

固着于夸大性自体并且处于自恋性暴怒状态的病人沉浸于恐惧之中，害怕任何暗示他对于自己的身体-心灵自体没有完全控制的迹象。比如，头痛、恶心、便秘或性无能，更不用说一种不知名的疾病，都能令病人陷入看起来像是要自杀一般的绝望中。对于一个10个月大的学步期儿童而言，当他患上某种婴儿时期常见的小病时，他会真的感到很困惑、很害怕："为什么妈妈不能让我好起来，如果不是妈妈，为什么我自己不能让自己好起来？"早期与严重的疾病、尤其是手术有关的恐惧，常常会被归因到两种情况，一是与母亲般的照料者分离的焦虑，一是儿童对自身攻击性的恐惧，那种朝向（母亲般的）照料者未能保护他免受如此致命体验之苦的攻击。治疗师在病人身上花费了许多小时的精神分析，就是为了帮助这些依旧在与早期恐惧做搏斗的、已经成年的病人"接受"这样一个必要的现实，这些可怕的经验——带来这些创伤的既不是妈妈的过错，也不是孩子的过错，而是不可避免的人生坎坷（Kramer，1955；Mahler，1971）。

对自体的暴怒

这里所忽视的一点是，学步期儿童将指向夸大性自体的自恋性暴怒作为最后的希望（并且，在无意识中，也是成年人固着的最后的希望），以此来克服生活对他的身体和心灵施加的可怕冲击。

科胡特（Kohut，1972）认为某种自我伤害和自杀可以被视为一种表达，病人将自恋性暴怒指向自体的不完美以及随之而来的羞耻感。他认为在自我伤害的

第4章　夸大性自体：暴怒或成就的源泉
4 The Grandiose Self: A Wellspring of Rage or Achievement?

案例中，身体-自体（body-self）中无法接受的部分被体验为一个痛苦的负担，必须要去除（比如，被拒绝的，因而被视为邪恶之物的阴茎）。源于自恋性暴怒的自杀表达的是对自体进行原欲投注的失败。科胡特认为从特征上讲，这种自杀并非由罪恶感触发，而是被空虚感以及死一般的状态或是深层的羞耻感激发。

因生理上的不完美而产生的自体-暴怒

自体心理学对这种无意识夸大性期待的认可，使得治疗师能够以更多的共情来处理病人这令人疲惫且倍感挫折的抱怨，他们因自身的躯体症状无止尽的责备自己。然而，他们对于传统的解释日益感到愤怒和轻视，那些认为他们以躯体的形式体验自己受压抑的、引起负罪感的冲动；或是移情性的解释，认为他们放大自己的不适感是为了从治疗师那里得到同情，正如他们儿时曾寻求母亲的同情一样；或者认为他们需要发展出更多成年人拥有的容忍力，忍受人生的坎坷，包括身体上的疾病。

当然，如果病人是因为自己身体上有问题而产生的不完美感，并因此而对自己产生无意识暴怒，那么这些解释中没有一个触碰到了问题的核心。然而，根据以下几句话的线索而做出的解释，多少可以帮助来访者感到自己被理解了："似乎在你还很小的时候开始，你就感到自己的身体必须是完美的，这样才能感到足够的安全。所以，难怪你会对自己的身体产生暴怒，因为它用所有这些痛苦让你感到害怕。"

病人对这样的解释可能会显得非常惊讶，尤其是如果治疗师还没有使用自体心理学的模式。他可能会对此不屑一顾，好像没听到一样，然后转向其他的话题。他甚至可能否认这种解释，尽管在前一刻，他还在因自己的抑郁症而谴责自己。在最好的情况下，他会表示同意，声音中显出轻松的声调，终于有人开始理解这个可怕的情景了。

父母对疾病的愤怒

通常，当病人生病或受伤时，会产生这样的联想：父母会因为自己生病或受伤而生气，好像病人原本可以不让那些情况发生一样。有的时候，在病人的记忆中，母亲或是祖母会在见到他弄伤手指或胃痛时惊慌失措，病人发现自己不得不安慰她们，让她们冷静下来，却忘记了自己的问题。或者，身体柔弱的名声会带来一些让他尴尬的情况，如给他穿得太多，或者不让他参加某些活动，因为那对他来说"太过了，他柔弱的身体受不了"。这样的羞辱不仅会让他对自己感到生气，还会让他对自己以及其他人隐藏致命疾病的征兆，同时还强迫性地忍受身体上的痛苦，并对疼痛持坚忍的态度。

对自体完美性无意识的期待已经支配了他对于自己身体和心灵的态度，病人可能要花相当长的时间才能意识到这点，并且让治疗师也开始意识到其程度。如果治疗师共情地接受这些感受，不认为它荒唐可笑，而是视其为早期发展的自然部分，鉴于其父母对他各种身体问题的无情反应，后来成为了一种不可或缺的保护，那么病人将逐渐开始接受它们，并且视其为不必要的并且是一种危险而不成熟的表现而放弃它们。

病人对自己的身体与心灵不会损伤的夸大性期待常会导致危险的自我忽略，甚至死亡，比如，滥用毒品、酒精，或者进行危险的性行为，如果早先寻求了适当的治疗，这些都是可以避免的。在治疗师的帮助下，病人逐渐接受自己因身体与心灵难免会出问题而产生自恋性暴怒，这会减轻暴怒的程度，他也将逐渐内化共情的治疗师，让治疗师成为其有反应的自体客体。

病人对治疗师的暴怒

然而，在修通病人对自己身体与心灵脆弱性的自恋性暴怒的过程中，有一件

第4章 夸大性自体：暴怒或成就的源泉
4 The Grandiose Self: A Wellspring of Rage or Achievement?

事是不可避免的，病人会开始对治疗师表达一些暴怒，以及对于治疗师作为一个人所拥有的缺点产生失望。这可能表现为一次突然出现的攻击，比如，在一次面谈开始前，治疗师让病人在门外多等了几分钟，这暗示了前一位病人得到了更多的时间，因而也就得到了更多的关照。

如果治疗师感到比较自信，就会理解病人正积极地将自己转换性内化为一个关爱的自体客体，治疗师也可能会对病人突然的批评感到措手不及，并且可能会失误地进入自我防御状态。治疗师申明自己刚才在面谈过程中接了个电话，或者只是表示疑惑，问病人为什么他会觉得治疗师给予了另一个病人更多的关照，就足以激起病人之前所描述的自恋性暴怒。

如果治疗师多少有些意识，如科胡特所言，意识到一个看似微小的事件也会触动自恋性暴怒，那么他就能意识到，即使只是多等了两分钟，也足以引起病人自恋性暴怒的爆发。对这一冒犯表达出理解就足以令病人冷静下来，病人就能感到，终于有人能够意识到他的过度敏感而产生的体验，以及随后不可避免的暴怒。

但是，如果治疗师坚持自己的防御，即他自己"合理的"解释，那么病人有可能会变得更加暴怒，因为那本不存在的怠慢而感到自己的敏感被治疗师误解甚至是嘲笑了。于是面谈可能转变为僵持的沉默，或是病人提前离开。在治疗师这一方面，在开始被病人内化时就出现这样一个共情缺口，已经足以将病人弹回刚开始接受治疗时的不信任感，这是在病人多年来感到被父母、朋友、爱人，以及其他治疗师所误解的基础上产生的——这种不信任已经很难被克服，即使他遇到一个更为共情的治疗师。看起来似乎是一个极小的误解，却可能转变为危险的信任撤销，并且可能成为提前结案的序曲，除非治疗师能够发现裂缝何时出现、是如何出现的，去理解它，公开致歉，并且加以运用，用来探索更早期的、深远的失败的同调。

案例简述

举例来说，病人查尔斯（Charles C.）因为等待了治疗师两分钟而感到心烦意乱，他过去关于等待一定有过一些特殊的感受。也许查尔斯这次面谈提早了几分钟到达，因此让这额外等待的两分钟显得更长了。当治疗师在面谈中探讨这些内容，发现病人的感受是积极的，几乎是令人兴奋的，因为病人对于自己失眠和偏头痛的关注减退了，与之前的矛盾情绪相比，他对于治疗师的技能产生了新的信心，尤其是对治疗师的敏感性更有信心了。

产生新的信心的感觉让查尔斯想起了自己 13 岁时看牙医的痛苦经历。他的牙医是一位前海军陆战队员，言谈举止中都显示出强悍的个性，他出人意料地赞扬了病人的坚忍和自我控制。病人回家后，不仅急切地把这件事告诉他易受影响的母亲，还提醒她曾经承诺过的，要带他去霍洛维兹（Horowitz）演奏会作为对他去看牙医的奖励。当时，病人拥有作为钢琴家的音乐天赋，以及他致力于成为一个音乐会演奏家的心愿，已经预示了他美好的未来，而这一切都不知怎么，滑入了"要像每个人一样做人们期望你做的事"的阴影中去了。

然而，就在那个下午，当他从牙医那里回到家，为他痛苦的看牙过程终于结束了而松了口气，甚至还感到有些兴奋，因为"那个可怜而邋遢的牙医拍了他的背表示赞许"，查尔斯特别期待两天之后的霍洛维兹演奏会。但是当他回到家时却一直没有见到他的母亲，直到她从妹妹的房间里出来，告诉他极为简短的消息：他的妹妹滑倒在冰面上，扭伤了脚踝。

"嗯，我感到很遗憾，但是扭伤脚也没有那么糟糕，"他结结巴巴地说道。"她只需要休息几天就好了。你知道吗，我今天看过牙医了，他说我真的很能忍耐。你答应过后天要带我去听霍洛维兹演奏会的……"

母亲叹了口气，好像这个提醒是压在她身上的最后一根稻草，而她马上就要崩溃了。她带着悲剧性的表情看着病人，说道："你怎么能这么自私，当你妹妹

第4章　夸大性自体：暴怒或成就的源泉
4 The Grandiose Self: A Wellspring of Rage or Achievement?

在经历着可怕时光的时候，还想着你的演奏会和拔掉的旧牙？"

镜映失败与失去事业

在当时，查尔斯没有理会因其母亲没能理解他而产生的失望感。他走了很长一段路，无意识地想通过强迫性体育锻炼来努力制止自己的自尊退化性地瓦解，这种强迫性地锻炼目前仍是他在治疗中不断挣扎的症状。回顾过去，也许他13岁时没能得到母亲足够的镜映的经历，是导致他最终不再以音乐作为职业目标的开端，而自从有了比他小一岁半的妹妹，母亲就再也没有满足过他的需要。治疗师（正在接受督导）想知道，病人对于音乐的喜爱是否主要是为了打动他的母亲，而不是一种天生的才能——也许是一个防御性的结构，以此掩盖母亲的镜映不足带给他的深深的自体-缺陷。

因为查尔斯还是继续地玩耍、学习，所以很难了解到他的变化，尽管他玩耍和学习时的注意力集中程度都大不如前了。但是他不再去听演奏会，并最终决定成为一名脊椎指压按摩师，以运动性损伤作为其专长。这看起来似乎是一种以自己为代价，通过从事一种想象中可以帮助那一天受伤的妹妹的职业，来取悦母亲的绝望努力。

当治疗师探索查尔斯对等待产生暴怒背后的原因时，病人和治疗师都找到了一个新的视角。他们发现，病人早期的充分镜映以及对他艺术抱负与理想的尊重都被剥夺了，每当他的妹妹发生任何事，他的需要都会被弃置一边，包括在他遭受痛苦后本应得到奖赏的承诺也被打破。自然，在他看来，治疗师对他刚刚得到缓解的身体问题共情太多，简直让他难以相信。所以他已经对治疗师的延迟，以及似乎更偏向于前一位病人做好了准备。然而，如果治疗师没有共情地探究这道裂痕，病人与作为一个好的自体客体的治疗师那脆弱的联结可能就此被打破并被忽略。这可能会加大治疗师触及病人的夸大性、自恋性暴怒、以及他不成熟的内聚性自体的难度，病人会以受虐式的纵向分裂来加以防御。

纵向分裂

科胡特将纵向分裂（the vertical split）视为对夸大性自体的否认。就如同这个案例中的病人，将自己表现为命运的受害者，并且暗示如果他曾更努力地尝试，说不定已经真的实现了，可惜那些激励措施没能引导他实现自己的目标。治疗师可能会感觉到有聚焦于现实的压力，即世上并没有命运的受害者一说，并且也许就他的才能而言，他定的期望太高了。当然，这会被病人体验为批评，并会增加他的自恋性暴怒。

治疗师往往很难相信，那个总是将自己表现为受虐者的人，即使他总是无止境地贬低自己，还是真的会对任何批评都非常敏感。传统的治疗模式将病人的抱怨与自我责备视为对于关注的要求，希望他人为他感到难过的感觉做出令人满意的共情反应。这种释义模式确实将目标对准了受虐式自我贬低中潜在的自恋成分。然而，这自恋成分通常被认为是一种展示阴茎的愿望，无意识地防御俄狄浦斯挫败造成的绝望与暴怒。但是，正如我们在之前查尔斯的案例中所看到的，在面对一个不做共情、也没有镜映的母亲时，受虐式的自我放弃被证明是唯一有效的姿态。

查尔斯的父亲太过疏远，无法补偿他从孤寂的童年起就已累积起来的自体-缺陷。对"妈妈似乎想要的东西"强迫性地顺从，刺激了查尔斯的夸大性愿望，希望或许某天他也能够分享妹妹的中心地位，尤其是通过他真正的音乐天赋。这样一来，他就不必总是遵从母亲所认为的、他的小妹妹应当有的东西。在治疗的过程中，有一点逐渐变得清晰起来，就是查尔斯的母亲无意识地认同了她的女儿，并且以儿子作为代价来满足女儿，以此来清偿自己小时候的旧账。不幸的是，查尔斯也刺激了他母亲对于她的兄长以及她疏离的父亲的憎恶，查尔斯只是太像她的丈夫了。所以查尔斯的夸大性自体-期待，希望自己能以某种神奇的方式赢得母亲的心，是注定要失败的。这样的失败就会向查尔斯证明，他是完全

第4章 夸大性自体：暴怒或成就的源泉
4 The Grandiose Self: A Wellspring of Rage or Achievement?

不惹人爱的、应当去死，也就是说，表明他将自恋性暴怒转向了自己，而不是指向挫败他的母亲。从这个意义上来说，他的受虐式的生活方式——他的抑郁症、他被贬低的职业以及他因未能成为一个音乐家而做的自我鞭挞——都是他针对自己的自恋性暴怒的出口，并且有可能是保护他免于自杀的方式。

将治疗师内化

查尔斯害怕重新体验他儿时就已经知道的无助感，那种被一个自己如此绝望地需要着的人忽视或是不公平地批评的无助感。治疗师逐渐清楚，查尔斯无法克制自己仍旧怀有的指向自体的自恋性暴怒，因为那是抵御其母亲施虐的防御机制，除非他将治疗师内化为一个可靠而共情的自体客体，以此提升并巩固自己的自尊。

这种内化必须包括两个方面，一是分析师共情性地接纳查尔斯对自己的受虐式的自恋性暴怒，以及对分析师的夸大的自恋性暴怒；第二个方面是，内化过程还应当包括查尔斯对于分析师是一个可信的、关怀的自体客体具有持久的信念，尽管治疗师作为一个人有其不可避免的缺点，同时治疗师有他自己的问题以及除了查尔斯以外的自己的生活。

这个信念伴随着治疗师的关心不断发展，使得查尔斯有可能发展出可靠的自尊与自体恒常感（self-constancy）。意识到治疗师关心自己，包括自己的核心自体，使得查尔斯随后能够接受其他人的需要，将其看作人生中的现实，而非对于查尔斯的存在构成的侮辱。通过将治疗师内化为他从未拥有过的、关心他的父母，查尔斯可以释放锁在他婴儿期夸大自体中的能量，将其用于自身的成长，过一种更加自体实现的生活，包括去爱其他人，尽管他们有自己的缺点。查尔斯也有能力回归自己的音乐梦想，既为了个人的自体实现，也是一座可以接受的通向他人的展示性桥梁。

处理自恋性暴怒

查尔斯这个案例的积极结果，渴望鼓励治疗师们运用自体心理学的模式来处理自恋性暴怒，无论它是隐藏在受虐的自体姿态中，还是外显地聚焦于治疗师，不屈不挠地攻击其所有令他失望之处。尤其是，自体破碎的病人因治疗师是一个独立的人，而且拥有自己的生活这一"暴行"而责备治疗师。

即使是这样，对治疗师来说，要去共情地接受病人的暴怒并不是一件容易的事，也就是说，要试图去理解为什么在那么多的失望之中，这一个失望现在出现，它在起源上有什么重要意义。然而，要去处理倾泻而出的爱和尖酸刻薄的恨都不是容易的事，而在我们聚焦于病理性的俄狄浦斯问题的过程中，却已经开始习惯这些情况。治疗师需要始终如一地记住自恋性暴怒的婴儿化背景，以及对病人对于体验到治疗师是一个分离的人的早期恐惧，这意味着治疗师不可避免地不能完全成为一个触手可及的好的自体客体。这样治疗师就不会太过频繁地跌入愤怒中，感到病人就像一个孩子般不断提出要求。相反，治疗师会深深地意识到，病人需要镜映来支持他健康的抱负心，而这个需求在最恰当的阶段却没有得到接纳。

如科胡特所言，不难想象，正如我们毕生渴望全能的父母的影像，希望它有幸能被修正成为一个滋养性的自体客体，我们也倾向于寻找无所不能的喜悦感受，在那种感受下，我们能够再次控制宇宙。希望这种全能的喜悦感也有幸能被修正为健康的抱负心，成为我们健康的双极自体中必要的部分（Kohut，1977）。假设我们听从了弗洛伊德的建议去探索人类的神话，以此获得对人类无意识的洞察。科胡特（Kohut，1982）这样做了，他提出了奥德修斯的神话，在那个故事中他救了自己儿子的命，而不是俄狄浦斯的神话，出于对别人所声称的天生对手的恐惧，差点在儿子出生时亲手杀了他。从探索神话的立场，我们可以质问，人类的抱负心得以健康发展的存在基础，是如何被毁灭自体的宗教和政府所施加的

第4章 夸大性自体：暴怒或成就的源泉
4 The Grandiose Self: A Wellspring of Rage or Achievement?

可怕威胁所侵蚀的，他们的目标就是毁灭"危险的"个体主义。

夸大的神

如果我们推测神话故事中的神是由人类进化至更高水平的大脑想象出来的，目的是为了给他们自己一些效能感，以此面对这个狂风骤雨的恐怖世界，那么我们也能理解那些能够抓住某种力量，凌驾于其他人之上的人，是如何认同了投射到神身上的夸大性。于是，我们不仅能够对病人堆叠在我们身上的、因其无助感而产生的暴怒产生共情，还能瞥见投射到报复性的神身上的父母式施虐。

对某个错误施以报复的主题，在自恋性暴怒中是如此显而易见，甚至会将报复指向非人类（如，莫比·迪克*）。没有哪里比地狱这个施加永久折磨的地方能更好地说明这个概念了。爱丽丝·米勒（Alice Miller, 1983）以一种方式向所有人描绘了一个场景，人们开始理解这个世界目前面临着社会瓦解的潜在危险，包括核战争。因为几个世纪以来施虐式的养育方式已经培养出了越来越多的成年"儿童"，他们怒火中烧，渴望复仇。

我们不要去谴责夸大性，或是试图将其消灭，而应该意识到只有通过对婴儿期夸大性进行恰当地镜映，给予其适当的驯化，才能生产出发育成熟的果实、健康的抱负心，以及内聚性的自尊。

如果我们逐渐开始理解这一点，那么对于夸大性的非难也许就可以解释关于自体概念的奇特的空白。精神分析依然主要聚焦于客体关系的质量，并以此作为心理健康的标准尺度，暗示如果一个人与他人的关系良好，那么他的自体关系必然也是令人满意的。自体心理学已经明确证明，许多人看似拥有良好的客体关系，内心却一片荒芜，到了感受不到任何可靠的、成长性的自尊的程度。

但是，如科胡特（Kohut, 1977）所指出的，至少从公元前五世纪的希腊开

---

* 出自麦尔维尔的长篇小说《白鲸》。在小说结尾，大白鲸莫比·迪克与船长及他的捕鲸船员进行殊死搏斗。最后，鲸和人同归于尽。——译者注

始,诗人、剧作家、作曲家以及艺术家就已经知道了自我实现的心酸奋斗历程。所以,对于认同的呼唤,对其存在性的认可以及对其成就及贡献的掌声的呼唤已经传延了几个世纪,甚至从两万五千年前的旧石器时代洞穴中就已开始——位于法国多尔多涅山脉的佩什·莫尔(Pêche-Merle)洞穴*——那里伸出一只表现非凡的手,流着鲜血却并未伤残,不是以威胁的姿态出现,只是表达出对于认可的恳求。科胡特关于对婴儿期夸大性进行共情的概念,非常适合用于这种对于自体独特性寻求认可的行为。如果能将夸大性理解为人对于认可的要求,那么就无须激起必须以任何代价制止这种需求的信念,无论其中包含着多么基本的需要。我们相信,如果一个响应他人自体需要的人类环境能够激发自我的成长,那么对于夸大性需要进行敏感的接纳,则能够开启潜在的创造力源泉。

---

* 在此洞穴中曾找到过栩栩如生的动物画像。——译者注

第五章
理想化

母亲与父亲都可以被理想化

案例简述

治疗师与病人之间的流动:寻找那失去的偶像

睡眠障碍与缺乏安慰

创造力与理想化

> 如果你一定要爱我，就别为了什么
> 除非是为爱而爱。不要说，
> "我爱她是因为她的笑容、她的脸蛋、她的……"
> 因为这些东西本身，亲爱的
> 可能会改变
> 就为爱而爱我，从今往后
> 你要爱我，直到地老天荒

伊丽莎白·芭蕾特·勃朗宁（Elizabeth Barrett Browning）

关于爱的含义，有人认为（Bergmann，1980）它既包含了理想化，还有一种时间上的无限感。当爱出现动摇，其内在固有的理想化就被批评所替代。就如伊丽莎白·芭蕾特·勃朗宁和马丁·伯格曼（Martin Bergmann）都暗示到的，这里显然有一种恐惧，在成年人的水平，害怕爱情消失后理想化也随之消亡。

然而伊丽莎白·芭蕾特·勃朗宁和伯格曼谈到的都是"客体爱"，即弗洛伊德（Freud，1914）所描述的指向另一个被体验为与自己不同的人的爱。这种解释假设了分离个体（separation-individuation，Mahler et al.，1975）的出现，即对自己与他人的天然差异的接纳。正如我们都知道的，这种对于差异的意识经常会让参与者感到建立关系几乎是不可能的。有一点当然是真的，这种巨大的差异，也许包含了对于关系中的一方或双方的核心自体的基本需要的否认，会让这段关系的生存能力受到严重的质疑。尽管如此，越关注关系中的差异，就越有可能关系中的一方或者双方都没有获得分化，他们对于爱的期待仍然包含最基本的实现他们未经满足的婴儿期镜映和理想化需求。

如我们在第一章中所指出的，年幼的孩子需要理想化自己的父母，尤其当他感觉到自己的夸大性自体不能可靠地掌控这个世界。以成年病人的自体客体移情反应为基础，并且作为对科胡特理论的证实，我们在第一章中提出了对一个信念的渴望，即自体客体会在儿童需要时在那里，当儿童感到无助或感到痛苦时，可以指望他的力量和关照。我们还想知道，是否在子宫中的完美生活——在温度、营养、排泄方面长达9个月的可靠服务，并且还可能是没有噪音的环境——让婴儿期待着这种响应性的环境能够持续下去，尤其是在一个要求他呼吸、摄入食物、排泄，以及所有那些他在子宫中不需要去做的事情的地方。也有可能，一个好的共生状态（Mahler et al.，1975）会让婴儿特别希望生活能够继续像天堂一样。

但是，这里涉及的不只是对基本需要的满足。儿童绝望地想要知道："当我需要你的时候，你会在那里吗？当我觉得绝望和无助时，我可以依靠你的力量和关怀吗？"这为他提供了一个理想化的形象，可能是基于子宫内以及（或者）子宫外的好的父母般人物的经验——一个不会在生活的压力之下崩溃的人，无论是为了儿童还是为了他自己。这样一个将会同调于儿童显示出的核心自体的人——比如，他是否喜欢跑步、精力旺盛地玩游戏，或者是否喜欢画画、演奏某种乐器，或者会去试着使用工具或者写一个故事。一个理想化的父母会对此感兴趣，会试着发现儿童的喜好并帮助他着手去做。自体心理学也教导我们，在自己的职业抱负上显然失败的父母，甚至会转向他年幼的儿子来寻求鼓励和建议，如科胡特所举的A先生的例子（Kohut，1971），会很不幸地让儿子无法将这样一个父亲内化为自己所景仰、敬佩并在今后以其为榜样的超我。

母亲与父亲都可以被理想化

性别在超我发展中似乎没有太多的差别。也许超我的本质真的来自最肯定的父母。我们应当强调，这里的理想化可能包含了对父母中某一位的病理性认同，这样理想化过程本身就能用于满足无意识的婴儿期需要。可能涉及对本身具有精神病倾向的父亲的认同，这样就可能会在他的儿子身上也鼓励出这种倾向。也可能涉及了对一个受虐的母亲的认同，她对于丈夫或孩子最为过分的要求也不能说不。这就将我们带到了失败的理想化这一议题，这可能涉及父母中一方或双方的病理性权力运作。然而，在儿童这边或许还有一点可能的希望，某个人也许会来到他的身边，为他提供一个更好的，更促进成长的生活推动力。

案例简述

一个接受督导的治疗师介绍了一个罗萨莉（Rosalie R.）的案例[1]，她是一个36岁的犹太女人，金色的头发，绿色的眼睛，大约超重4.5千克。她有一个14岁的儿子，并对他非常生气。在罗萨莉眼中，这个世界基本上是危险的。因此，接受督导的治疗师相信，病人总是需要处于控制地位，这在她不断努力让其他人围绕她的需求来生活这一点上得以证明。她是一个强迫进食患者，或许她就是用这种方式来处理自己难以接纳的情绪。她期望自己和他人是完美的，包括治疗师。

督导：你感觉在第一次会谈时她在对你的移情过程中，理想化会是一个问题吗？

接受督导的治疗师是一个敏感的女人，她说在开始的时候就发现罗萨莉相当聪明，知道怎样在她的世界中生存，但是她童年时期的创伤迫使她相信，她只能依靠自己。

督导：这种自给自足会不会可能是她对儿童时期理想化某个人的未满足的需要的一种防御呢？

治疗师：嗯，你发现了这点，我在第一次会谈中也发现了这点，这个女人在自己还是个孩子时就被悲剧性地剥夺了某些东西。当时我感到，我必须非常地小心，避免表现出好像是要控制她，或者让她依赖于我，她只有在一个相

第5章 理想化
Idealization

对要求较低的氛围中才可能将我理想化。

督导：请告诉我她的背景。

接受督导的治疗师于是继续说道，罗萨莉是她父母两个孩子中较大的那个，有一个比她小2岁的弟弟，她感到父亲和母亲都无法成为理想化的对象。她肥胖的父亲喜欢虐待人，并且容易暴怒，有许多次病人不知道怎么就激怒了他。他会不定期地赚钱养家，时常会做一些不太可靠的生意，但是会保证赚许多钱。罗萨莉渴望得到他的关注，也许是因为她注意到她的母亲是多么的软弱，就像个孩子。罗萨莉回忆起一段极其伤心的往事，她的母亲害怕她的父亲，没有能力保护罗萨莉。罗萨莉的母亲原本从来没有出过门，有一次，她下定决心带着两个孩子去她朋友家。当他们回到家时，她的父亲已经进入了暴怒的状态。他抓起罗萨莉的小猫——她非常爱这只猫——把它溺死在了旁边的一条小溪里。就在那一刻，罗萨莉似乎意识到她的母亲无法保护他们免受父亲的暴怒。但是，治疗师指出，接下来还有更具悲剧性的事情。

性潜伏期的乱伦

督导：那种经历确实会让孩子无法理想化父母中的任何一个人。或许她也认同了那只被杀死的猫。她当时多大？

治疗师说罗萨莉当时大约5岁。2年以后，罗萨莉的父亲开始在性的方面接近她，那时她的母亲在一个朋友家打牌。父亲在她的面前暴露自己的生殖器并自慰，同时抚弄她的生殖器。在治疗开始时，罗萨莉对这件事的记忆非常模糊，但是随着治疗的进展，细节逐渐开始浮现。她回忆起矛盾的情感——感到很特别，很有力量，同时又感到无力。她的父亲威胁她，如果她将这件事告诉母亲，就会发生一些可怕的事。在罗萨莉的想象中，母亲可能会离开家，或者杀了她或是父亲。

最终，在两年之后，在她9岁时，病人将这件事告诉了母亲。然而她的母亲并没有做出激烈的反应，没有像她父亲所威胁的那样。对罗萨莉而言，她母亲的反应可能更具毁灭性。她并没有完全相信罗萨莉的故事。相反，罗萨莉被带到一个治"脑袋"的医生那里，她的母亲想知道她为什么会讲出这样的故事。母亲没有告诉任何其他人她所"指责"的她父亲所做的事，也没有告诉别人她在看"心理医生"。罗萨莉认为自己是因为做了什么坏事而被惩罚，她当时的感觉很糟糕，感到自己很堕落。总之，她感到没有人能帮助自己，没人有会相信她，没人会试着理解她的感受并且保护她免受绝望之苦。

进一步的幻灭

督导：她以往的治疗是如何影响她的，她是怎样找到你的？

治疗师说她想晚一些讨论她和罗萨莉的第一次接触，她要先说明病人后来进一步的幻灭。她从9岁起开始看那位治"脑袋"的医生，直到她20岁时结婚，结果证明那位医生对她没有帮助，总是批评她，并且对她没有滋养（norishing）。比如，她每次治疗前后都要吃糖果，在她开始见现在这位治疗师之前，她一直是一个强迫进食者。然而，她那看似被动的母亲在她14岁时告诉她，她因为自己的原因与她的父亲离婚了，从未承认她相信罗萨莉的故事。

罗萨莉甚至开始变得更为抑郁，她意识到她的母亲可以在自己准备好的时候离开她的父亲，但是不会为了她而离开他。他们在离开父亲后变得更贫穷，尽管她的母亲做着两份工作。罗萨莉一直在服用抗抑郁药，来对抗她持续了整个青春期的抑郁症。她的高智商令她进入了一所好的高中，在那里她阅读了许多书籍，以此作为一种逃避的方式。在她20岁时，她嫁给了一个看起来被动而安全的人，一个不会像她父亲那样爆发愤怒的人。很快，她"强迫性地"卷入了一

第5章 理想化
5 Idealization

段与她在学校中遇见的女性朋友的性关系中。这看起来像是一种对她被动、酗酒的丈夫的报复行为。她并不清楚丈夫是如何发现她的另一段关系的，尽管在开始时，她将丈夫描述为"忍受着这件事，并且一直在喝酒"。

当治疗师第一次听说罗萨莉与她的女朋友的关系时，她猜想她的丈夫是否在刚结婚时就已经让她感到幻灭，或者是否她有一些奇怪的"冲动"要去重新创造出她童年时的情景，在那个情景中，有两个人都遭受着性虐待，即受制于她父亲的她自己，还有她的母亲，她的母亲当时一定有一种奇怪而复杂的情感，因为女儿替代了自己的位置，尽管她对这件事从来没有承认过。不仅如此，在治疗师更清楚罗萨莉与治疗师之间的关系之前，治疗师并不想探索可能会进一步损害病人自尊或是她理想化他人的能力的议题。

她与女朋友布兰达（Brenda）的性关系问题在她后续的述说中显示出更为强烈的意味，罗萨莉在第一次咨询中告诉治疗师，在10年之后，她把2岁的儿子留给布兰达照看，而布兰达对他进行了性骚扰。布兰达后来向罗萨莉做了坦白。虐待的过程包括抚弄孩子的阴茎。尽管罗萨莉后来再也没有把孩子留给布兰达照料，但是她却继续和布兰达保持了12年的性关系。

有限制的契约

督导：现在你真的必须告诉我你是如何劝导这个不可撼动的女人接受你的治疗，并且一待就是将近三年。否则的话，我会觉得你有反移情的问题。

治疗师：嗯，这也许是某种期待最坏的事情发生的强迫性重复，让人怀疑已经出现的变化，当然，你会想知道我引导罗萨莉接受治疗的方法的有效性。你看，在第一次的面谈中，我感到自己被她艰难的人生故事所淹没。我一直在想，我能为她提供些什么，以此来劝导她接受治疗，并且引导出她的需要，去相信她可以找到帮助她的人，一个她可以信任，甚至景仰的人。然后，当我看到她穿着外套坐在离门最近的地方，我想"这位女士经历了所有的失望之后，她害怕依赖我或者依赖任何人。所以我能提供给她最不具威胁性的东西，就是为她提供一个有时间限制的治疗方法。"

于是我说："我意识到你是个很忙的人。（她刚刚获得了计算机科学的学位，并在一个公司中找到了一份很有前景的工作。）我知道此时此刻你不想再在心理治疗上花费过多没有必要的时间。所以我提议我们订一个为期两个月的契约，期间每周见两次，我们将集中于两个议题：首先，如何理解你与布兰达的关系以及这对你婚姻的影响；第二，如何处理你儿子的性问题，并且希望能帮助他更好地适应环境。在16次面谈结束时，我们可以评估一下我们的进展。"

治疗师回忆起，当时罗萨莉把椅子朝她挪了挪，尽管还是很安全地靠近门边。她不相信地摇了摇头："你的意思真的是……你给我一个机会来决定两个月之后是否……我可以离开并且毫不感到愧疚？"治疗师点点头。

"嗯，这听起来当然不像是治疗，所以我愿意试一试，尽管我并不信任你。"

孩子和迷失的少妇

在讨论前16次面谈时，治疗师承认自己有过反移情的问题，她将其描述为"针对罗萨莉的儿子卡尔的难以置信的拯救计划"。在治疗师的眼中，罗萨莉是一个在成长过程中受到了严重的伤害和虐待的人，她无意识地退化到婴儿期的夸大性，并且决定再也不要变得脆弱和依赖。这包括永远不需要她儿子的爱以及对他的依赖。治疗师也将罗萨莉的父亲杀死的那只小猫和她的情人曾经虐待过的她的2岁的儿子做了一个联系，即罗萨莉感到她再也不能冒险去爱一个可以被摧毁的人或者东西，因为这对她而言太痛苦了，她不能忍受。

所以罗萨莉将自己对儿子的爱和焦虑用否认和敌意加以防御。她将她的孩子描述为一只"野生动物"。他非常好动，在学校里是代人受过的替罪羊，没有朋

第5章 理想化
  5 Idealization

友。她觉得这个世界在对她说："嘿，女士，这个小顽童怎么了？"，于是她把孩子像破损的物品一样拖到一位又一位专家那里。

治疗师注意到，罗萨莉确信她儿子的问题反映出她作为母亲的不胜任。这打击了她的自尊，触动了她的夸大性，以两种方式驱策着她：①她不得不迫使儿子在外面的世界和在家里都表现得更好；②她不得不麻烦学校老师给予卡尔特殊照顾。尽管罗萨莉常常辱骂儿子，但是她却不能始终如一地加强对儿子的约束。她蔑视这个孩子，认为他没有希望，并且从不尝试直接帮助他，尽管她会努力为他安顿好外面的世界。让治疗师感到特别震惊的是，她无法容忍儿子对她女朋友的害怕，这个女人曾经对他进行过性骚扰。当孩子说他恨布兰达，不想让她来家里，罗萨莉会说："我不会干涉你交朋友。所以你也别对我的朋友指手画脚！"

治疗师注意到，罗萨莉对卡尔试图干涉自己的夸大性而产生了自恋性暴怒。然而，治疗师受到去"拯救儿子"，并以此来帮助罗萨莉拯救她自己的需要的驱使，认为自己可能通过诉诸罗萨莉的理智自我而获得成功，并因此可以绕过充满报复愿望的夸大性。

感受比原因更重要

鉴于罗萨莉在工作中的自我功能良好，治疗师于是诉诸她的理智自我，问道："那么，考虑到在卡尔身上发生的事，他想要从你这里得到这个特权就是那么地不合理吗？"治疗师接着啼笑皆非地回忆起她当时的感受，说了那句话就好像一脚踩到了地雷上：这个个案要遭遇危机了。

罗萨莉猛烈地反击道："那么我的感受又该怎么办呢？这个小家伙怎么敢继续这样的言行，让我看起来像个愚蠢的母亲，竟然胆敢期望我离开自己的情人，仅仅因为那么久之前发生的事情，而且很可能那件事现在已经完全没有关系了！我甚至不能确定他还记得他与布兰达之间发生的那件事。他只是想操控我。如果这就是你所谓新式的治疗能做到的事，把卡尔的一团糟责怪在我头上，那么我应该现在就离开这里，去他的契约！"

治疗师意识到她需要很快地做些什么来挽回这个个案。她还意识到，当她关心孩子的时候，她没有完全地考虑到罗萨莉的失败和无法被爱的感受——罗萨莉曾有过这种感受，当她还是个孩子时，她的父亲杀了她的小猫来折磨她，在性方面虐待她，她的母亲没有能够保护她。从罗萨莉的角度来看，治疗师在这里做了一件同样的事。为了试图帮助罗萨莉缓解他们母子之间的纠葛，治疗师似乎完全没有顾及罗萨莉的感受。于是治疗师做了一个深呼吸，说道："我现在意识到，当我询问那个关于卡尔的问题时，你一定感到我完全没有考虑到你的感受。我猜这种感觉就像你的母亲和父亲忽略你的感受而只做他们自己乐意的事情一样！"

有一瞬间，罗萨莉看起来好像要哭了。但是，她显然咽下了自己的眼泪，冷冷地说道："好吧，你的确是第一个意识到我会感到受伤和绝望的人，而且那并不是因为我的过错，尽管你刚才确实站在了卡尔一边。但是至少你承认了你的错误，所以我会再给你一次机会。不过，你必须把我的感受放在第一位！"

共情和理想化

督导：是的，这是一个极好的例子，说明了共情在理想化的发展过程中起到多么重要的作用，正如你所知道的，科胡特发现这对于内聚性自体的发展至关重要。我们在罗萨莉的案例中看到，她脆弱的自尊破碎得多么快，并被自恋性暴怒所淹没。我想你也意识到了，在罗萨莉的成长过程中，她似乎就是没有找到任何一个可以让她仰视的人。

这不只是对她父亲巨大的幻灭的问题，首先是他杀了她的小猫，然后对她实施了长期的性虐待，并且警告她不准告诉别人。他从来没有以任何方式成为她的理想化人物，除了或许是以一种负面的方式使唤她的母亲。但是有可能甚至是在那一点上她也感到了幻灭，因为那一天她母亲违抗父亲的意思出门拜访朋友，他就把她的小猫杀了。而且父亲似乎对于把乱伦

第5章 理想化
Idealization

的事告诉母亲会产生的后果感到害怕。似乎有这样一种可能，当罗萨莉的母亲让她，而不是她的父亲付出代价，其形式就是不相信她并带她去看心理医生，罗萨莉就开始轻视他父亲伪装的愤怒之下的恐惧了。当然，她的母亲似乎对她从很早的时候就非常不共情，而且完全没有把自己表现为一个可以被人敬仰的女人。

治疗师点头表示同意并继续说道，她在想，如果父母双方都曾经让人感到幻灭，是否可能让治疗师被理想化，以此为病人提供一个机会，重新开始她停滞的发展。

督导：嗯，这仍然是一个开放的问题，尤其可见于科胡特将二极自体的概念扩展为三极自体（见第六章；科胡特，1984）。他仍然为理想化人物在个体发展后期出现的可能性留有余地，如，青少年时期，以及在治疗期间。我还想到，罗萨莉的母亲最终离开了她的父亲，独自带着两个孩子，这给了14岁的罗萨莉一个相当具有独立性的示范，这一点是她从来没有期望从她被动、胆小的母亲身上看到的。毕竟，为了不依靠她父亲而养活自己和两个孩子，她的母亲要保住两份工作，过着比和她父亲在一起时还要贫穷的生活。

还有一个可以被理想化的可能性，就是，尽管罗萨莉谴责她的母亲——这种谴责我们是可以理解的——她的母亲确实曾努力地帮助过这个女儿，从她9岁起就送她去看心理医生。至少，她还坚持着一种希望，无论她的丈夫和女儿之间究竟哪里出了问题，也许为了女儿好，可以将其修复。并且，是谁为所有的治疗埋单的？要么是母亲以某种方式设法付费，要么就是她主动找到了让女儿可以接受免费治疗的途径。

咄咄逼人的病人

治疗师同意这些是她必须要考虑的可能性，并且或许可以在时机适当的时候讲给病人听。但是她接着承认，罗萨莉会让她感到害怕，她有一种独特的吓人的表情并且有扑上来进行袭击的倾向。治疗师与督导的对话继续进行着：

治疗师：罗萨莉有时候好像会从"谁需要你"的感觉转为想要我成为自体客体，并且此后她就需要像控制自己的一部分那样来控制我。如果我在那一刻说了什么不是完美地同调于她的话，她会对我的缺乏共情感到愤怒。有时候我会搞不清楚，她是把我当作她的一个失败的部分，一个本该了解她的需求的人而感到愤怒，就像是在夸大性移情中那样；还是像让她感到挫败的理想化父母，虽然还是能够理解她的想法，满足她的需要，但是并不是作为她的一个部分。

督导：这是个很微妙的点。我确实认为在她大幅度地退化到夸大性自体后，会让她回归到生命最初几个月的状态，那个阶段的婴儿无法区分自己的生理和心理自体以及照料她的自体客体。正如我们所知道的，如果照料良好，婴儿对于最佳的挫折就会有越来越多的承受力，这会让他形成对于所有抚慰和控制机制的内化。而且，我们还知道，相当频繁的情况是，母亲或者父亲会去照顾处于危机状态的婴儿（如，身体上的疼痛或是一场事故），用他们看似无所不能的镇定和力量来给予婴儿抚慰，或是帮助孩子在具有威胁性的场合中找到乐趣（如，一场球赛），这要么会为孩子建立起一个当他需要时会有一个理想的支持者在他身边的期待，或是建立起一个孩子自己成为自己的理想化支持者的期待。

治疗师：听起来像是她需要我以其中任一种方法去抚慰她的感受。究竟我是她的一个合作性的部分，还是她的理想化自体客体，这取决于她自己的决定。

第5章 理想化
Idealization

督导：也不完全是这样。如果你只是她的一个部分，那么你就要去做她想要做的事，通常那会是不让那些可怕的经历发生。如果你是一个理想化自体客体，她会期望你共情，因为你有更高级的知识，而且你不只是一个接受她命令的人。比如，她并不想要你去缩小她与卡尔之间的问题。她需要你让她知道，你理解这些经历对她而言是多么可怕，是对她早期没有人关心她的感受的经历的再现。所以她想要一个对她恐惧感受的共情反应，不一定是直接的安慰，但是最终会成为一种安慰，就像孩子或者成人意识到有一个强有力的人理解了他可怕的困境。

治疗师：而且可以想象，那会有帮助。

共情的力量

督导：科胡特逐渐意识到，表达共情本身就具有推动力。有个人，特别是一个可以被理想化的人物，能够理解并恰当地对个人所经历的可怕事件产生共鸣，是对这些经历的尊重和确认。正在承受痛苦的人，无论是孩子还是成年人，通过这种方式得到确认，于是可以相信自己感受的真实性，不必对自己是否可以拥有这些感受而感到怀疑或抱歉。

　　自恋性暴怒常常会伴随一种未经确认的无助、恐惧，或惊吓——所有那些会让内聚性自体破碎的感受——通常会包含一种毁灭非共情的他人的愿望，并且仍旧将其视为全能自体中令人不快的部分。也许正是这种毁灭非共情他人的愿望使得罗萨莉的暴怒显得如此吓人。并且，除非你能意识到所有我说的内容，否则你仍可能会低估共情的力量，如果你只是试着去理解当罗萨莉的父亲溺死她的小猫并且对她施加性虐待时她糟糕的感受。当她意识到她的母亲并不相信她，也不理解她在承受着多么大的痛苦，她那糟糕的感受被进一步强化了。或许，如果她的母亲表达了自己的共情，哪怕她无法改变任何事，那也可能会给罗萨莉很大的帮助。

治疗师说她正开始看见共情的力量。她意识到很有可能是因为她对罗萨莉无法接受治疗场合的共情，这种治疗看起来可能没有止境，以及她愿意将治疗设置为一种有时间限制的契约，使得罗萨莉具有了尝试治疗的可能。治疗师接着说道："但是当我过度关心卡尔，并且没有重视罗萨莉的感受时，我让她失望了。这是在她的童年生活中曾一再发生的事。难怪她进入了暴怒的状态！"

督导：无论罗萨莉正在经历着什么，如果你能把这种"难怪你会处于暴怒中"的感觉保持很长一段时间，你或许能够做两件看起来似乎是不可能的事：（1）你也许可以让她相信，她可以依赖别人，可以需要你的共情，并且你可以给她依靠，对她共情；（2）你或许能够让她相信，她可以大胆地把你理想化，并且景仰你，把你视为具有重要的价值观——那些关怀别人的价值观——并以之为生的人，她可能会感觉能够认同这些价值观并让它们来指引她的生活。我想不到其他更为重要的、你可以用来帮助她的方法了。

对信任别人的恐惧

在后来的督导会面中，治疗师报告，她曾经非常努力地尝试去共情罗萨莉对她的暴怒性攻击，尤其当那些攻击是针对她时，这似乎让罗萨莉的暴怒有所减少，并且逐渐开始考虑自己对于亲密的恐惧。治疗师说罗萨莉意识到自己无法亲近任何人，因为她不能把自己放在另一个可能欺骗她的人手上。这显然是一个三方面的暗示，涉及她的父母和治疗师。治疗师说："我意识到从某种程度上讲，她是在说我，但是我现在不准备触碰这个点，因为她会退缩回去。"

这似乎是一个微妙的点。如果有一个像罗萨莉这样的病人，一个在情绪上受损的孩子，正展示出科胡特（Kohut, 1971）所谓的"娇嫩的理想化触须"（p.221），很重要的一点是要去接纳它，如果有任何可能的话。然而，如果病人正表现出相当多的矛盾情感，不给病人施加压力，不过早地让她开口表达，这也很重要。治疗师很有技巧，她没有引起罗萨莉对于自己可能正在将治疗师理想化的注意，因为这可能为时过早。这一点特别重要，因为病人正开始意识到她对于注意和情感的需要与她对性的需要是有区别的。病人在青春期时杂乱的性行为包含了她对于自己从未拥有过的东西的寻找。很可能这就是她在20岁时就与丈夫结婚的原因。

性等同于关心

在罗萨莉结婚之前，她与未婚夫的性关系相当火热，而且确实比她过去所知道的性体验更让她感到满足。正是这个原因让她同意在自己20岁时便结婚，不顾她母亲的反对，不顾自己对所选择的伴侣在其他方面的可靠程度所存有的疑虑。不幸的是，她不祥的预感很快就得到了证实。

尽管她丈夫一开始在床上一直是个很棒的、关怀她的爱人，但是罗萨莉后来发现，他在生活的其他方面非常的不关心她。他很难保住一份工作，不能为家里提供稳定的收入。在某种程度上，他连自己的个人空间也打理不好。他极不讲卫生、邋遢、不顾他人，不给她留出一点自己的空间，把家里弄得一团糟，以至于她不好意思带朋友回家。因此他们的社交生活变得非常贫乏。尽管如此，或许最让人失望的是——一部分原因是他严重地酗酒——丈夫对她的所思所感，包括她为了帮家里增加收入所做的努力，丈夫都显得毫无兴趣。

对病人童年可怕的重复

总之，除了"性生活很好"，罗萨莉感到她的婚姻是对她童年生活的可怕重复，没有人关注也没有情感，只是虐待性地注重性爱。就是在这样的背景下，治疗师对她与女朋友的性关系的理解感到越发清晰。

罗萨莉渴望与一个关怀她的女人展开一段亲密的关系，这是她母亲从来没能给予她的。似乎有这样的可能，就是罗萨莉将自己对好的自体客体的需要性欲化了，相应地，当布兰达在对她儿子进行性虐待而让她产生幻灭感时，也并没有让她感到很惊讶。治疗师一再地意识到，罗萨莉不需要也不相信任何人，这真的是一种防御。同样，布兰达在性方面被罗萨莉所吸引，这也让罗萨莉缓解了自己的焦虑，她不只能被失败的男性所吸引，如她的丈夫，以及比喻意义上的，她的父亲。布兰达至少也为罗萨莉减轻了一些因其丈夫强加于她的脏乱的屋子而产生的沉闷与孤独感。最终，罗萨莉背着自己的丈夫与这个女人外遇，给了她一种力量感，至少让她对丈夫进行了报复，尽管她想以任何其他方式接近他时依然感到很无助。当罗萨莉的情人向她坦白自己性骚扰了她2岁的儿子时，这看起来就像是对罗萨莉自己的童年创伤令人难以置信的重复，这让她感到动弹不得。她再一次被自己的情人和丈夫所贬损并感到幻灭，正如她曾在父母那里经历过的那样，并且内心深信那是她的过错。

罗萨莉决定不和情人分手，因为尽管布兰达性骚扰了她的儿子，但是她能满足罗萨莉对关注和镜映的需求，这是罗萨莉从未在其他人那里得到过的。这重复了罗萨莉的经验，任何对她的关注都会包括对她的虐待。并且，她不想剥夺自己与情人的身体关系。罗萨莉因此再一次退化到她的自恋性夸大，让自己相信自己能处理好所有的事，在从事秘书工作的同时完成大学和研究生的学业，获得学位。在她获得了计算机科学的学位后，她得到一个收入颇高的主管职位。与此同时，她39岁的人生依旧像是她孩提时代的情感荒漠。

病人的空间在哪里？

与治疗师进行16次面谈的契约接近尾声时，罗萨莉仍旧纠结于害怕依赖治疗师的情绪中，并且期待着再一次的失望。然而，罗萨莉表现出了自己仍然生活在情感的荒漠中。治疗师报告道，她发现自己有些不知所措。如果她公开地鼓励病人再定一个 16 次的契约，那么罗萨莉会不会将她视为一个背信弃义的人，认为她像其他的治疗师一样想要紧紧抓住她？但是如果治疗师就这样让她离开，完全依照罗萨莉的意思，这难道不会感觉像是对她的需要做同样的冷漠反应？而这是她童年时期和成人以后经历过太多次的感觉了。

治疗师突然灵光一闪，想到了如何解决这个窘境——或许是治疗师可以去做的一个整合，在她努力地去共情地理解病人的基础上，在那一时刻让病人通过无意识的加工产生对于其情感需要的觉悟。罗萨莉对于丈夫的冷漠麻木以及把家里搞得一团糟的描述，还有她对于既没有物理空间也没有情感空间的顺从，并且是她一直以来承担着所有的家务，这些都让治疗师意识到，现在在治疗中的关键问题可能是："你的空间在哪里？"于是，当罗萨莉在治疗的尾声极具挑战性地宣布她打算结束治疗时，说道："我在这里感觉很好，但是或许你正准备引诱我留在这里。"治疗师感到这样对罗萨莉说会相对安全些，她说："我知道。但是你的空间在哪里呢？"

罗萨莉当时没有回答那个问题，但是当治疗师休假结束回来后，她又约定了 16 次会谈。罗萨莉宣称她想要处理她在空间、时间和尊重方面的权利，指出她听到了治疗师在上一次契约结束时所提的那个问题，并且做了思考。显然，她所体验到的正是治疗师所确认的那个问题，治疗师相信罗萨莉有权得到自己的空间，而且也可以提出要求，而不是希望自己在做了所有别人要求她做的事情之后，别人就会给她空间。对治疗师而言似乎很清楚，她接纳罗萨莉在治疗契约结束时离开的行动，证明了治疗师相信罗萨莉在所有的关系中都有权拥有自己的空间，并且可以坚持自己的立场。

把杂乱的空间收拾整齐

通过治疗师对罗萨莉的接纳，罗萨莉不仅相信自己应该得到自己的空间，还精力旺盛地开始了行动。罗萨莉第一次投入到以她自己想要的方式来整理她的

"空间"——以她在工作中满足其他人要求的同样的能量和决心。她与丈夫进行了一次面质，让他选择，要么帮她一起重新整理并装修房子，要么永远离开。这个选择还涉及了要他控制自己的酗酒和怠惰，并且要真的开始把自己收拾干净——否则就要永远地离开罗萨莉的生活。如果他能就此重整旗鼓并且满足罗萨莉的要求，她就准备好重新考虑和他离婚的事。如果不能，基于他持续地酗酒并且不支持罗萨莉的事实，罗萨莉已经准备好甩掉他，并且感到自己能够做到。

罗萨莉发现做到这些并不容易。她的丈夫认为自己可以像过去常做的那样，通过拖延来让罗萨莉倦怠。他试图让罗萨莉为他所经历过的种种失败和失望而感到难过。他试图通过性方面的诱惑来瓦解她的决心。但是罗萨莉与治疗师的谈话已经让她充分地确信，她有权获得自己的空间，即考虑自己的需要。因此，她已经下定决心，不会再一次因为别人的需要而推迟自己的事情，无论别人需要什么，或者他们看起来多么可怜。罗萨莉指出，她已经为这场婚姻付出了太多太多，如果她的丈夫不愿意为婚姻付出哪怕是最少的一点，那么他就要被赶出"俱乐部"了。

病人得到了她的空间

罗萨莉的决心最终让她的丈夫信服了，而且很可能也是被吓到了。他开始帮助她，而不是和她争吵。在清理之后，他们开始花更多的时间在一起，购买家具、重新装修，这样罗萨莉就能够第一次在家里招待她工作上的朋友。在这次两人靠近的过程中，她的丈夫表现出想要尝试戒酒，并且找了一份更可靠的工作，不再从事以前那份不太成功的旅行销售员的工作了。罗萨莉开始动摇了。当她看见丈夫的变化，她就能够相信他有能力做更彻底的改变。她曾经已经厌倦了丈夫过去从不兑现的承诺。尽管如此，她确实很感激丈夫所做的这些事，并且感到自己比较不沮丧也不受驱迫了，现在她喜欢自己的空间，也可以更多地将其用于社交。

第5章 理想化
Idealization

当罗萨莉在讲述她获得的成果时，治疗师对她相当鼓励。治疗师仍然在努力地共情罗萨莉的感受，但是现在她聚焦于维持罗萨莉对于自己有权拥有空间的感觉。

对依赖的担忧

罗萨莉看起来很高兴治疗师欣赏她获得的成果，与此同时，她也更开放地表达自己对于治疗师可信度的焦虑。她可以依赖治疗师为她所做的守候吗？治疗师会不会发现一个与罗萨莉相比，更让她喜爱的病人？或许治疗师会改换职业。或许她的治疗费会涨价，这样罗萨莉就付不起治疗费用了。或许治疗师会被汽车撞到。

治疗师向督导指出，罗萨莉对敢于去依赖某个人有一种范围相当大的恐惧，从担心治疗师不会在情绪上一直为她守候或是会更偏爱另一个人，到死亡焦虑（如，担心治疗师遭遇车祸）。在督导的建议下，治疗师对罗萨莉说："在你的期望中，你的希望会被破坏和毁灭，这很自然，因为在你成长的过程中，它们常常就是如此。"

治疗师对病人害怕依赖而又渴望依赖的接纳，带出了一个至关重要的确认，即她想要待在治疗中，尽管她对治疗的可信度感到焦虑。治疗师认为，这似乎让她能够更加直接地触及罗萨莉的感受。与她的防御相比，目标导向的态度帮助她渡过了许多生活中的难关，罗萨莉现在似乎能够更加放松，注意到身边的事物，比如治疗师办公室里的家具和窗外的树。

触及病人对她儿子的感受

在治疗中这一重要而又不太稳定的转化阶段，病人松动了自己对于感受的严格防御，尤其是对依赖的渴望和理想化的感受，这样一来，夸大性自体就能以最大化的、如计算机一般的效率来运作。有一点很重要,就是治疗师要耐心地等待,去观察被病人否认和压抑的情感会在哪里出现,无论那是与自体有关还是与其他人有关。

在罗萨莉的案例中,虽然她对丈夫出现过一些游移不定的希望感,但是,可以理解,她仍然对他有所怀疑。在与儿子的关系上,罗萨莉作为自己,以及对孩子负有责任的母亲,她面对了自己痛苦而矛盾的感受。有一段时间,在她能够触及自己的感受之前,罗萨莉曾经能够表达出许多对于儿子种种不足的愤怒,包括他对母亲虐待性的反应,他在学校糟糕的学业表现和人际交往,甚至是他的外貌。"他太壮了!"罗萨莉喊道:"要是他不注意的话,他最后会像我父亲那样肥胖。"她也曾想过要把男孩送去寄宿制学校,这样他就能受到管束,学一些礼貌,也会变得更独立。

对需要儿子的防御

治疗师意识到了罗萨莉对于依赖的恐惧,在她对治疗师的移情反应中得到了清晰的展示,这当然也会很自然地包含在她与儿子的关系中。在自己没有得到满足的父母这方面,他们有着太多的期待,希望孩子能够满足他们无法实现的抱负,这样孩子可能想要或者能够做到的事就很容易像烛火一样被扑灭。孩子对于自己的核心自体被排除的反应,很可能是从婴儿期开始的,不可避免的,会是被动的服从或是革命。

在罗萨莉的儿子卡尔的案例中,鉴于他受到过罗萨莉的情人造成的性创伤,加上父母之间折磨人的关系,看起来卡尔的反应方式似乎是革命。他的言语问题暗示出,这可能是他对于很难与父亲或母亲交流而产生的可悲的躯体化表达。可以想象,这在他2岁时可能得到了强化,她的母亲继续和布兰达做朋友,尽管卡尔曾经坚持不要他的妈妈和她做朋友。他继续这一要求以此证明母亲对他的爱,这就提出了一个问题,她的母亲在多大程度上将他的任何失败解释为小时候被性虐待的结果，以及在多大程度上，母亲把自己对感受自动化的抑制投射到了儿子身上，这种抑制是她童年时遭受父亲长期性虐待造成的结果，即不是一次而是多年的虐待。

开始接纳病人的感受

在下一轮面谈中，仍旧是在两个月的治疗契约里，罗萨莉跨出了一大步。她曾经考虑过一段时间，要把儿子送去寄宿制学校，因为他们之间的问题似乎无法解决。要记住很重要的一点，在第二轮面谈中，她已经在丈夫面前清楚地表明了自己的立场，她需要自己的空间，并且确实在家里以及在她的生活方式上做出了令人印象深刻的改变，还包括拥有了更多社交生活。

在考虑送孩子去寄宿制学校，同时也开始更清楚地意识到自己对治疗师的依赖这一背景下，罗萨莉突然决定与她的情人分手。以她一贯的特点，她没有和治疗师讨论这件事。她的生活模式是在她感到自己可以的时候就采取行动，然后再去考虑后果。这似乎是一种对夸大性的表达，她假设自己能够处理任何将要发生的事。

罗萨莉儿子的重要性

在治疗师看来，当罗萨莉开始意识到她对治疗师的需要时，她也同时开始意识到自己对儿子的需要，以及反过来，她儿子对她的需要。这种意识让人痛彻心扉，她意识到自己曾经多么需要母亲来关心自己的感受，以她能采取的任何方式来保护自己免受父亲的虐待。罗萨莉似乎突然感知到，卡尔需要一种信念来克服其自尊问题，确信他的母亲可以保护他，帮助他对抗因2岁时遭到性过度唤起而导致的失控的感受。他的母亲继续与这个女人保持关系的事实让他变得非常焦虑，以至于他这些年来一直在乞求母亲别让布兰达进入他们家。

无论孩子对所有这些事的感知是什么——而我们只能是猜测——有一点似乎

很清楚，卡尔的情感需要缺乏关注，就像罗萨莉自己曾经经历过的。所以当罗萨莉决定放弃她的情人，并告诉她的孩子她不再和布兰达做朋友了，这是罗萨莉对自己和儿子巨大的接纳。罗萨莉还向卡尔确认，在他小的时候布兰达抚弄了他的阴茎，而这是不可接受的行为。罗萨莉让卡尔明白他没有做错任何事。就这样，罗萨莉对儿子确认了他被虐待的经历——这不是幻想，而且这件事对儿子的生活确实造成了很大的困扰，对罗萨莉也是一样。罗萨莉后来放弃了情人这一事实，是一种令人印象深刻的表达，表示她关心她的儿子。

被理想化了的治疗师

罗萨莉朝着理想化治疗师的方向移动，她在表达自己的感觉和觉得自己有权去表达方面显得更自由了。罗萨莉以其特有的方式——来自其他人的赞扬，表达了她的理想化。她说她的朋友和家人"都想知道治疗师是谁。"

罗萨莉说她告诉他们："是谁不重要——她对我来说是完美的。"她在说这些的时候微笑着，治疗师也报以感激的微笑表示对其理想化的接纳。然而，治疗师在某种程度上知道，在前面等着她的是什么。那就是治疗师要能够预见病人在关于自己的关键问题的决策上可能产生的后果。

督导和治疗师都同意，罗萨莉在她自己、她的家庭、她的工作还有她的社交问题上有了非常重要的积极改变。她还开始发展出了幽默感，并且能够做一些哲学上的思考，如科胡特（Kohut, 1966）所提出的，这说明她正在朝着更高形式的理想化自恋成长。

治疗师与病人之间的流动：寻找那失去的偶像

和所有的个案展示一样，我们能了解到病人大概的风格，包括她的生活经历和她与治疗师的互动。然而，尽管呈现的材料中有细节、有图景，我们仍然很难

第5章 理想化
Idealization

通过语言来抓住两个人长期共同探索过程中的互动,以及治疗师和病人自己内心的体验。

语言在精确表达人们内心的诗意及相伴而来的痛苦时仍会有其限制。同样,在倾听病人关于自己内心和外在的经验流的细节时,我们必须注意他们略去的部分,因为,就像罗夏墨迹图中的空白部分,这对他的生活经验是一种额外的线索。在罗萨莉的案例中,这种省略就涉及她的母亲,无疑是她导致了病人过度的自我依赖,同时伴有对其他人的不信任。

如果母亲这个天然的照料者,在孩子的前俄狄浦斯期(0—4岁)没有在孩子的身边,比如,因为身体或情绪上的缺席、疾病或是死亡,有一个结果就是孩子会体验到对母亲般人物的全能的力量与可信度的巨大幻灭。

这就是雅各布森(1964)所说的对于理想化父母过早的幻灭。这种幻灭通常会被丧失感和羞耻感防御起来,好像孩子会因没有人照顾自己而责备自己。如果当一个孩子有需要时母亲不在那里,那通常会是对孩子的巨大打击。因为这通常会在治疗师度一个月或者两个月的暑假时发生,在那期间相同的感受可能会出现。

在处理病人对理想化自体客体早期的需要时,我们在自己的日常实践中可以看到,这种要求会转化为病人对治疗师的可及性和全能的需要。尽管罗萨莉允许自己可以在几个以16次为单位的治疗中进进出出,她会期待治疗师一直为她守候。这是一个2岁孩子的要求,相比之下,7—8岁的孩子不会提出这种要求,他们通过充分的理想化和镜映体验而发展出了相当稳定的自体感。在2岁的水平,个体将会寻求理想化的自体客体,及时而恒久地满足他的需要。如这个例子中所呈现的,她无法理解为什么母亲或者父亲并不总是在那里回应她的需要,比如在她学会走路时分享她的兴奋,或是在她生病时,立刻让她好起来。

想一想一个2岁或者更小的孩子极度失望并且希望父母具有神奇的力量的场景,我们就能意识到这是治疗师目前正在面临的情况。这不只是无法满足病人想要一个理想中更高水平的治疗师的愿望的问题,比如希望治疗师对自己毕生追求的爱好也感到很有兴趣。关键是,治疗师无法达到病人想要的却不可能实现的无所不能的状态,那就像是一个小孩子对于理想化自体客体的要求。

睡眠障碍与缺乏安慰

我们可能会看到这样的情况,病人因理想化超我失灵——比如罗萨莉遭受到的父亲的虐待——而退化至理想化自体客体。如果母亲从孩子出生起就敏感地予以抚慰,那么孩子就不太可能出现强烈需要从父亲形象的人物那里获得安慰。有时候,从抱怨睡眠障碍的病人身上可以看到早期的剥夺。

尽管我们很熟悉那句:"他睡得就像个婴儿,"事实上,婴儿在睡眠上需要许多帮助。获得了适当的安慰、喂食、爱抚和温度适宜的环境的婴儿往往会很容易睡着。但是,他们对于噪音会非常敏感,尤其是那些没有在入睡时得到足够帮助的婴儿。

作为临床治疗师,我们曾经听到自己的病人说:"我不太好意思提及这点,不过我睡觉时喜欢开着灯";或是"我睡觉时喜欢在枕边放个收音机,并且整晚开着,因为那样对我有帮助";或是"有时我醒来发现自己的大拇指正塞在嘴里,我会感到失望,我以为自己30年前就已经不再吸手指了!"

当我们听到这些坦白时,我们可以猜到,在他一个月或者两个月大的时候,没有人协助他入睡。

如何发展出自我安慰

母亲或者父亲,甚至是保姆要过来给婴儿唱首歌,或是给他讲个故事或者拍拍他。如果一直是以这样的方式在做,可能有一天妈妈会决定孩子不再需要那么多的歌唱和故事了。她可能会离开房间,不过是在他已经准备好入睡之前;这被称之为恰到好处的挫折(Kohut,1984)。在这样的情境下,婴儿可能会认同安抚者。他可能会给自己唱歌,给自己讲个故事,玩一会儿毯子,等等。这可以体现出子宫外基本的转换性内化过程（Kohut，1971），婴儿接过了他的照料者提供的抚慰和其他照料任务。这适用于睡眠，也适用于其他方面，比如喂食，如果母亲对于婴儿开始想要自己握住瓶子的行为很敏感的话。婴儿通过模仿母亲而开始自己从事这些细小的行为，构成了"自我的基本构建"（Kohut，1971）。

自我功能与发展

尽管对于自我功能的重要性已经有了一些思考和理论，比如将其与人类区分现实和婴儿化渴望的能力加以联系，我们仍然不清楚自我功能的起源，以及它们是如何与健康的发展同步进行的。它们几乎就像是在发展中"对的"时间神奇的出现，尽管我们知道它们涉及一个缓慢而复杂的成长过程，尤其是当语言这样的自我功能有所缺损时。

我们现在说的功能对人类基本的生存很重要，并且涉及人类能够感知、言语、感受、思考、记忆、做出判断以及照顾自己等方面的能力。显然，如果自我功能没有按照个体发展的时间表恰当地发展出来，那可能会导致严重的冲突（Spitz，1959）。事实上，巴史克（Basch，1984）指出，当一个孩子在他刚开始咿呀学语的那一年没有得到足够多的鼓励去进行交流，他可能就永远不会去学习说话了（如，被动物养大的"野"孩子）。如果病人在婴儿时没有得到帮助，轻松而深沉地入睡，那么他整个一生可能都会被避免失眠的问题所主宰。一些不健康的行为，如药物依赖、强迫性酗酒以及从事危险的性行为都可能被用于解决睡眠不足，以及其他因为没有充分地内化一个理想化父母的形象而导致的问题。

转换性内化

病人可以通过得到帮助来发展其转换性内化，即创伤发生时自我抚慰的能力。这可以从治疗师对病人早期的入睡困难、在黑暗中醒来，或是对于缺席的母亲的即刻需要等问题的共情性接纳开始。治疗师还要注意上文提到的，病人可能已经有所涉及的危险行为。治疗师坚定地理解病人那令人害怕的对于安抚的早期需要，会让病人把治疗师内化为他从未拥有过的好的自体客体。如果治疗师帮助病人意识到他自己的婴儿期夸大或原始超我（如，他的母亲）会要求他立刻睡着的话，那么病人随后可能会感到放松。当他无法入睡时对自己的自恋性暴怒可能只会让他更加清醒。并且他会攻击自己身体和精神上的失败，同时攻击其理想化父母的不足，是他们没能教会他愉快生活的基本要素。

治疗师最终也会受到病人自恋性暴怒的抨击，因为他未能帮助病人立刻控制住他的失眠问题。正如婴儿想要得到即刻的安抚，成年人想要立刻入睡。治疗师要有耐心，接纳病人因为他没能更快地让病人放松而产生的批评。治疗师也要有丰富的资源，为病人提供各种可能有助于他逐渐入睡的建议和活动，如，练习，或是阅读非小说类文字，因为小说可能过于刺激了。总之，治疗师应该警告病人不要为自己所有的失败而猛烈地抨击自己，包括他在克服失眠问题上的失败。

通过这个方式，治疗师就把自己作为一个好的自体客体提供给病人，并因此而成为病人的理想化超我，替代其严厉、非理想化的超我，而那可能正是干扰病人小时候入睡的人（如，罗萨莉那乱伦的父亲），或是可能曾经对病人太过严厉的那个人，使得病人感到自己没有权利休息，因为他是如此失败。

对治疗师而言，支持病人朝着最高水平的内化——超我的理想化，去发展，那是一个机会也是终极的挑战。价值观、判断力、理想和标准在此联合。如果治疗师已经被病人内化为好的超我，病人对生活的标准将会换上一个关爱的、抚慰的、保护性的对待自己和他人的态度。就像罗萨莉一样，病人最终将学会放松，并且不仅是带给自己和他人理论上去呼吸的空间，还是带着欢乐和骄傲去吸气与呼气的空间。

创造力与理想化

科胡特首先认识到，一个发展中的内聚性自体对于个人稳定的满足感至关重要，他最初聚焦于自体的创造能力，并发现这种能力是个人天生的核心自体中就具有的。在这样的关联之下，科胡特强调了婴儿期夸大转化为更高级的表达形式的想法，它伴随着人类在艺术与科学上的创新（Freud，1914）。正如科胡特（Kohut，1966）所指出的，"有创造力的人们所具备的心理元素中主要的部分是通过理想化来塑造的"（p.260）。

本书的资深作者在对科胡特的最后一本书《精神分析的治愈之道》（1984）所写的评论中强调：

科胡特从未背离过他对于理想化的高度评价，将它视为健康的抱负心被失败的镜映自体客体阻碍之后实现核心自体的第二次机会。（White，1984，p.6）

随着对好的自体客体治疗师的内化，理想化价值观与理想化的力量向每个人敞开，在任何年龄，无论是通过自体心理学的治疗，还是幸运地找到一个好的自体客体。这似乎不仅是为自体心理学，也为人类构建了一个安全阀。

注释

[1] 一个由 Joanne Gates，M.S.，美国心理治疗和精神分析研究院提供的复合案例。

第六章

核心自体的第三个机会：通过孪生获得三极自体

上位自体

孪生的喜悦

案例简述之一

案例简述之二

科胡特（Kohut，1984）提出了第三种自恋的（自体客体）移情，也就是孪生关系。这种主张似乎自然地来自于他早期将古老的孪生需要视作镜映移情的一部分的观点。在他最后一本书中，科胡特特别提出，在镜映移情和理想化移情之外再补充一种孪生或者他我移情，并提出三条独立的自体客体发展线索的可能性。这对科胡特原本将孪生移情纳于镜映移情之下的观点是一种改变。孪生自体客体关系的精华是兴趣与才能上的相似性，同时还有被另一个与自己一样的人所理解的感受。

本章将会探索三极自体的意义，将其与科胡特早期的双极自体概念（Kohut，1977）进行比较，运用这两种自体客体移情，科胡特发现这两者都是在核心自体受损后自发产生的。

上位自体

首先，让我们来概括一下科胡特激进的上位自体（the supraordinate self）的概念，以及从上位自体中产生的核心自体。处于中心位置的自体与作为心理器官的自体有着天壤之别，甚至与哈特曼在自我心理学中将自我表象作为客体表象的补充的这一概念也差异很大。在科胡特的概念中，自体是"一种上位的结构，重要性超过其组成部分的总和"（Kohut，1977，p.97）。但是，上位自体是如何在最佳的成长条件下产生的呢？

科胡特（Kohut，1977）相信婴儿在出生时具备的基本自体拥有天生的潜力，通过婴儿和其自体客体持续而特定的互动，培育或阻碍这种潜力的发展，一再反复之后，自体客体特别对婴儿核心自体的某些潜能做出回应。比如，一个好动的婴儿喜欢到处移动，很可能会更早学会走路。但是，一个更倾向于用语言来表达的儿童则可能更早学会讲话。父母对婴儿这些天然的倾向做出回应非常重要，而不是试图把父母的偏好强加于婴儿身上。

作为一组得到回应的潜能，核心自体因此而成为了上位自体，即"内聚而持久的精神结构"（Kohut，1977，p.177）。这个得到发展的自体形成了我们人格的

第6章 核心自体的第三个机会：通过孪生获得三极自体
6 A Third Chance for the Nuclear Self: A Tripolar Self Through a Twinship

中心部分，并为我们意识到自己是一个独立自主的中心，意识到我们的身体和心灵在空间和时间的连续体上形成了一个单位提供了基础。刚刚萌芽的核心自体处于一个滋养而具有回应的环境中，于是成为了儿童的自体客体所培育出来的抱负和理想的容器，并逐渐具备了相关的才能和技巧。

正如科胡特最初所构建的概念，双极自体是上位自体这一结构的顶层石。当悲剧性的人（Tragic Man）在处于一个危险的无反应环境中时，他有两个机会来实现其中心核心自体（core nuclear self）的生存潜能。第一个机会是通过加固其早期夸大的展示性幻想来建立核心抱负心，这大部分是发生在生命的第二、第三和第四年间，并且需要母亲的镜映接纳，以确认其健康的展示行为，这是抱负心不可或缺的基础。

第二个实现核心自体潜能的机会是获得大部分特定的理想化目标，通常出现在生命的第四、第五和第六年中间。科胡特（Kohut，1977）还提出一个"张力弧"（"tension arc"，p. 180）的概念，用来描述在自体的两极之间"持续流动的"心理活动，即一个人的基本追求是由其抱负心所驱动，受其理想所指引的，这个想法科胡特早在1966年就已经提出。

科胡特关于"镜映移情"的概念可见于双极自体中抱负心的那一极，而"理想化移情"则可见于理想化的那一极。科胡特相信，来自母亲般的自体客体的鼓励性镜映对于培育儿童健康的抱负心是不可或缺的，与此相仿的是，母亲或父亲同调的抱持与提携也让儿童有机会感受到"与自体客体的理想化全能感相融合的体验"（1977，p. 179）。个体后来所获得的自体成分，可被父母任意一方培育出来。

科胡特有关于第三种自体客体需要的概念，即孪生关系的需要，深深地根植于一个或许已很古老的需求，即在"总体上的相似性，在做好事和做坏事的能力、情绪、姿态和声音上的相似性"的基础上有作为"人"的感觉（1984，p. 200）。这种基本的相似性正是"我们所需要的人类世界的路标"，而且只要这样的肯定触手可及，我们就不需要去觉察自己的需要。

科胡特（Kohut，1984）最终还是将孪生移情视作了发展内聚性核心自体的第三次机会，它源自于与一个好的自体客体拥有共同的技巧、才能和经历，很可能发生在镜映需要和理想化需要无法满足之后。孪生的概念也提出了一种可能性，即在发现并"稳固"生命中成熟的自体客体的能力中，可能也包括了孪生关系，以及那些支持性的镜映和理想化需要。科胡特又补充道，孪生可能包括同性恋，其中每个伴侣都是对方的孪生或者他我（alter ego），就像异性恋的人对于相似的目标和兴趣的需要，以及一些艺术家对"创造性移情"的需要（1984，p.201）。

显然，由双极自体的概念所造成的、局限于镜映或理想化需要中的限制，被孪生自体客体这一可能性所打破了，孪生自体客体体验刺激了个体才能和技巧的发展，使他能够执行任何孪生关系可以提供帮助并加以维持的目标（比如，补偿性结构）。科胡特（Kohut，1977）首先介绍了补偿性结构的概念，即弥补自体的一个主要缺陷，而不只是掩盖这个缺陷。在他看来防御性的结构就只起到掩盖的作用，但是补偿性的结构会自行发展，通过弥补早期的自体客体失败使自体的功能得到康复。

与补偿性结构相关的孪生或他我自体客体移情的可能，为自体心理学家提供了一个成为"更少创伤的自体客体"的机会（Kohut，1977，p.204），病人将围绕这样一个自体客体组织起自己的努力行动，构建起自己健康的自体客体。

孪生的喜悦

年幼的孩子努力地寻求对其核心自体的确定，无论他是如何达成这一目标的，其中包含了父母未能满足孩子镜映和理想化需要所带来的痛苦经验。可以想象，有的人可以在没有任何与人类的依恋的情况下寻求对于夸大性自体的确认。希特勒就是这种可能性的一个例证，被其非人性的、主宰世界的自恋性需求所推动。然而，更有希望发生的情况是，病人对孪生可能性的记忆可能在病人努力寻求对核心自体的确认时出现。比如，科胡特提出，病人关于儿时的记忆中可能会逐渐浮现出一些人，他与病人忧郁的、或者不给予病人支持的家庭成员不同，很

第6章　核心自体的第三个机会：通过孪生获得三极自体
6 A Third Chance for the Nuclear Self: A Tripolar Self Through a Twinship

强壮并且能够被理想化：

  在移情的背景下，某个人的轮廓会逐渐出现，对这个人而言，病人早期的存在和行动是一种真正的快乐的来源；这个人是一种无言的力量，是一个他我或者孪生，在他旁边儿童感受到自己的生命力（小女孩在厨房紧挨着母亲或者祖母做家务；小男孩在地下室紧挨着他的父亲或祖父工作），他的重要性将逐渐变得清晰。（1984，p.204）

  在科胡特构想孪生移情的过程中，他引述了在和某个与自己从事相似的事情并且喜爱它的人一起工作时，自我的确认感和随之而来的喜悦。科胡特的一个成年病人对这种情形进行了描述，她回忆起一个场景，当时她4岁，在厨房里和她的祖母一起做面包。

  科胡特并不是通过病人记忆中和祖母在一起的欢乐而意识到这个自体客体孪生关系的重要性，而是通过女孩在6岁时承受的可怕的孤独，那时，她那冷酷、没有反应的父母搬家了，因此把她带离了祖母身边。祖母带给她的自我确认的体验被瓶子中的精灵所替代了，在她和祖母分离后，她就与瓶子中的精灵讲话。她并没有接受科胡特关于自己（指科胡特）就是那个瓶中精灵的移情解释，当时科胡特刚刚向她告知了自己的长假计划。相反，她坚持认为自己在成年之后还继续这样的对话让她感到很尴尬，这让她对于要把这一"病情"告诉科胡特感到很焦虑。但是，她能够告诉科胡特，瓶子中的精灵是一个孪生儿，就像她自己一样，并且还是一个"足够像她的人，能理解她，也能被她所理解……病人需要的……是一个安静的存在。她会和孪生儿讲话，但是孪生儿不一定要回答她……只是和孪生儿在一起静默地交流就常常是最令她满足的状态了"（p.196）。

  这种对于安静的在一起的正面效果的解释，让科胡特清楚地认识到以往的治疗中长时间静默的重要性，即它们不是阻抗，而是一种有益的孪生体验。然而病人对这个需要还是感到那么焦虑和羞耻，以至于她从来没有对科胡特讲过，直到他宣布自己那非同寻常的长假之后。

案例简述之一

本书的资深作者也有一些似乎可以证实科胡特关于孪生移情的概念的个案经验,并且因此也可能证实他关于三级自体的想法。在一个同样涉及祖父母的个案中,病人是一个三十多岁的女人,叫玛丽安(Marion M.),因为她在专业工作上似乎是强迫性的症状而来接受治疗。她有一个贬低人、反对性欲的母亲,而且她的母亲努力地想挤入上流社会,还有一个抑郁的从事专业工作的父亲。当她的父亲在第二次世界大战期间被派往远东地区从事外交工作后,她被留在了祖父母家中,由他们照顾,但是当时她的母亲被允许随同父亲一同前往驻地。可以想象,她原本可以带着小女孩一起去的。但是,她的父母认为孩子的健康状况太脆弱,决定不冒险带她一起去。玛丽安觉得自己被留给祖父母时是4岁,在她的记忆中,与第二次世界大战结束后回到家里的父母相比,她的祖父母更能同调于她的需要。特别是,她回忆起从祖母那里得到过一种类似于孪生的回应,祖母欢迎她到厨房看她做事,有时还会让她一起做饭。她记得祖父和她一起跳舞,他热爱音乐,因此,后来音乐成为了她的一种强迫性需要,而她不能允许自己去满足这种需要。

因为死亡而失去孪生

和科胡特的那个病人不同,玛丽安失去了她的祖父母,不只是分离,而是因为死亡。她的父母回国后接回她,他们也搬进了祖父母原来住的房子里。尽管有一些对于祖父母为什么要搬出去的合理化解释,因为她的祖父需要住在不用爬楼梯的地方。似乎很清楚,病人体验到祖父母的离开是受到了父母的煽动,或者,是祖父母自己偏向于搬出去。无论是哪种情况,就像科胡特的那个病人一

第6章 核心自体的第三个机会：通过孪生获得三极自体
6 A Third Chance for the Nuclear Self: A Tripolar Self Through a Twinship

样，玛丽安觉得自己没有被考虑进去。这个病人更具悲剧性的结果是，在她父母回国后不久，她的祖父母就双双过世了，她感到父母就像是入侵者。

在玛丽安的记忆和体验中，当时没有任何机会对祖父母进行哀悼。我们并不清楚，这究竟是对哀悼这种创伤性事务的否认，还是对另一个仍未得到回应的丧失的接纳——她4岁时失去的自己的父母。令人悲伤的事实是，她既没有能够让自己以任何令人满足的方式去享受自己音乐上的才能，也没有允许自己去使用自己相当大的聪明才智，去从事能够回报自己所有那些努力付出的工作。通常，她可能会成为一个不欣赏她的老板的奴隶，并且永远也不会得到她应得的同时也是她想要的认可，直到已经为时太晚，即当她已经辞职时。显然，她的才能，曾经得到过她祖父母的支持，已经成为了至少会让她感到矛盾的问题，并且或许是一些她感到自己无权使用或者享受的东西，特别是在他们死后。我们在这里精确指出的是一次孪生自体客体体验的创伤性丧失，因两个孪生自体客体同时死亡这一事实而被复杂化了。

这一丧失也许可以解释病人在对治疗师（本书的资深作者）进行移情时为何缺乏信任，尽管治疗师从未公开表达过这个想法。似乎和科胡特的个案一样，病人有一种对于儿童期孪生消失的恐惧，所以任何对于移情的讨论都仍然过于具有创伤性。治疗师感到自己非常像科胡特病人的瓶子中的那个倾听的孪生儿。尽管如此，病人的自尊还是有所成长，她减少了对权威要求的受虐性服从，并且与满足她不关心人的丈夫的要求相比，她开始更多地考虑自己的未来。她对自己需要的接纳进展缓慢，这说明她祖父母所提供的孪生需要非常重要，而它被悲剧性地打破了，同时还伴随着她长期缺位的父母突然重新出现，他们在她眼中可能正是带来厄运的人。

信任的壁垒

尽管治疗成功地使玛丽安更加质疑自己对受剥削的生活方式的接纳，包括她对于独裁的上司的顺从，以及她对于能令她充满能量的生活方式的无果的尝试，但是最初失去父母的创伤之后又丧失了祖父母的孪生关系，这阻碍了她再次信任另一个孪生自体客体。然而，有迹象表明病人和治疗师的关系正在朝着孪生移情的方向发展，体现在她在应对现任老板的不现实的要求时采取了更为坚定的态度，并且正在考虑找一份更富刺激的工作岗位。这里的孪生移情包括了对病人似乎正在成长的自体的支持，并且治疗师要时刻意识到，病人所需要的对其自体的共情性支持是去巧妙地肯定她想要前进的内在动力，而不是去推动她。

案例简述之二

在另一个几乎要提前结案的、与外公孪生的个案中，病人名叫约翰（John），在他还处于潜伏期（Latency age）*时没能完全理想化他的外公，因为他的外公屈服于施虐的妻子的恫吓。然而，约翰在一种似乎是孪生关系的反应中，感到自己对文学兴趣的萌芽被外公温暖的反应所接纳和支持。因为约翰的父亲在他出生前就过世了，她的母亲变得退缩而抑郁，约翰在缺乏来自双亲的镜映和理想化的情况下，就特别需要去感受来自外公的支持。

不幸的是，外公开始写作自己的作品，并把它们读给约翰听，因而从表面上看来就中断了原本可以成为孪生的关系。然而，在治疗的过程中，约翰成为了一个成功的编辑，他寻找这样一个能够让他感到兴奋的职业已经有好多年了。在接受治疗之前，约翰曾经在作家、广告文字撰写人，以及电视新闻播报上失败过——所有这些职业都涉及一种展示性抱负心，而那是他无法维持的，因为他在接受治疗前从未从任何人那里获得过足够的镜映——在约翰接受分析期间，他发展出了补偿性结构，这对他很有帮助，他开始非常投入编辑的工作。

发展出补偿性结构的可能性在他与祖父的孪生关系受阻期间产生。当祖父开

---

* 根据弗洛伊德的心理发展阶段说，分为五个阶段。口唇期：0—1岁；肛门期：1—3岁；前生殖器期：3—6岁；潜伏期：6—11岁；青春期：11岁或13岁开始。——译者注

第6章 核心自体的第三个机会：通过孪生获得三极自体
6 A Third Chance for the Nuclear Self: A Tripolar Self Through a Twinship

始把小男孩当成他自己秘密作品的听众时，就产生了一种反向的孪生，约翰成为了欣赏他祖父作品的人，这与他后来的职业——编辑其他作家的作品，是一样的。

在治疗中，约翰重新获得了一种体验，就是为他那个有创造力但是被贬低的祖父而成为"一个人……其早期的存在与行动就是真正的快乐的来源（这里指祖父的快乐的来源）"（Kohut，1984，p.204），这使约翰得以发展出他的核心自体中早已存在的确定感，在治疗师可靠的支持下，去从事编辑的职业。

治疗师对这种童年经历的理解"变得至关重要，当接受分析的人对治疗师开始产生移情，以他作为童年时代的自体客体，尽管治疗师还达不到足够的响应，但仍然是病人所能得到的最好的自体客体"（Kohut，1984，p.204）。治疗师对于约翰给予其祖父的孪生养分的强调——即他成为这个失望的老人真正快乐的来源——似乎重新激发了他发展自我力量的补偿性结构的潜能。这帮助约翰解决了他长期存在的、选择一个让他满意的职业的问题。

科胡特（Kohut，1977）独创性地定义了一个补偿性结构的概念，正如我们在本章的106页指出的，以"自体中功能康复"（p.3）的形式，通过加强自体的一极，来补偿另一极的缺陷。从这个双极自体最初的概念出发，科胡特（Kohut，1984）提出了第三次机会的可能性，一个三极自体。他认为自体客体无法满足自体的一个部分的需要，将会激发出其更大的努力去获得足够的反应，以满足另两个部分的成长需要。因此，支持自体健康的"扇形连续体（sectorial continuum）"还是会发展出来。

在约翰的个案中，有一点逐渐变得清晰，即那是一个有反应的他我体验——在他去上学之前，有一位保姆会读书给他听，甚至还教会了他一点阅读——通过这个经验，约翰第一次开始发展出补偿性结构，成为了一个对具有相似兴趣并且需要鼓励的人的欣赏性的、有帮助的他我。在他咄咄逼人的外婆的煽动之下，这位保姆在约翰6岁时被解雇了，她抱怨保姆给予约翰过多的关注而宠坏了他，并且认为她没干多少正经事。保姆的离开让约翰产生了退行，开始追求对其展示性需要的满足，并努力地吸引他那抑郁的母亲的关注，而他的母亲无法镜映他，并且因为筋疲力尽而崩溃，同时，他那爱惩罚人的外婆无视着他的存在。这些主要的自体客体在满足他的镜映需要方面带给他的失败，使他在此后的人生中变得非常脆弱，这表现在当他试图运用自己的写作能力来吸引别人关注他的创造力和表演能力上。任何在赢取对他所付出努力的重要鼓励和赞赏时的挫折和失败，都会让他陷入到令他动弹不得的抑郁中去。为了强迫自己重新获得表现能力，他转而求助于越来越危险的刺激物，包括酒精和毒品，而这些更加影响了他作品的质量。

病人的梦

就是在这些困境之中，有一次，约翰报告了一个梦，在梦里他试图向外公读一个自己写的故事。他的外公打断了他，并且开始读他自己的故事。在梦的结尾，他的外婆走进来，把他俩都批评了一顿。在他的联想中，约翰回忆起了他早年和那位共情的保姆的经历，她不仅念书给他听，甚至还引领他走上了一条早期掌握阅读和写作的道路。他在学校的学业表现很好，但是他退行的表现癖和对关注的需求让他在同学和老师那里都不受欢迎，所以，很快他就成为了一个孤独而内向的人。外婆对他和外公的责骂，不仅让他想起了她是如何剥夺了他的他我——那位保姆，而且还让他感到，她不能忍受外公有任何享受。约翰对那位被排斥的老人感到很难过，于是听他阅读他写的故事，一部分原因是为了惹怒他的外婆，但也是为了给他的外公一些被人关心的感受，那是他从保姆那里得到过的。一开始，约翰对于外公打断自己的故事感到很生气，并且他还想要从外公那里获得赞美。但是，当约翰允许外公读他自己的作品时，他看到了外公变得如此兴奋和热情，尽管他们遭到了外婆的闯入。于是约翰成为了外公热心的听众，这是约翰一直想要的，但是他从来没能成功地找到任何可靠的方式来获得这样的关注。

治疗师开始意识到，有可能在约翰创伤性的早期剥夺之后，通过保姆对他需

第6章 核心自体的第三个机会：通过孪生获得三极自体
6 A Third Chance for the Nuclear Self: A Tripolar Self Through a Twinship

要的共情性关注，他发展出了一种他我自体客体（alter ego selfobject）需要。然后，这位保姆可能通过成为约翰的一个他我自体客体而刺激了其补偿性结构的发展，即使那段经历很短暂。

补偿结构的出现

约翰告诉了治疗师他做这个梦之前的那个晚上发生的事，即他帮自己8岁的儿子完成了一个故事的写作，那是儿子第二天要交的四年级课堂作业。这使治疗师的这个想法显得更有重要意义了。约翰对于儿子向他求助的事实感到很愉快，至少是向他征询意见，因为约翰一直没有太多帮助儿子完成学校作业的习惯。他的儿子找了一个借口，称想要约翰帮他核对一些故事里的信息，但是约翰感觉到儿子真正想要的是约翰的反应，甚至是对故事的建议。约翰没有感到太受欺骗，或者无法对此应付自如，相反，他突然感到他想要读一读儿子的故事，并且帮他把故事改得更好，如果这个故事需要改进的话。当然，这是一个真正的编辑的态度。

于是，约翰带着他新近浮现的补偿性结构，阅读了这个故事，他很高兴儿子能够表现得这么好，而不是感受到竞争或是被儿子比下去，他也有了一些关于故事怎样能够改得更好的想法。约翰有能力给儿子总体而言正面的反应，并且同时还能给出一些修改意见，这说明他的补偿性结构已经出现，为他提供了一个更让他满意的方式来处理他自己的自我创造需求，而这补偿性结构正是源自他的保姆、他被剥削的外公和治疗师这三个认可他的自体客体。

对于约翰出人意料地不仅愿意去看儿子的作文，而且还没有作出一副高大权威的样子，并且给了儿子一些有帮助而又不太难的建议去修改他的作品，治疗师很想在其中找出一些移情的联接。治疗师意识到，约翰对儿子的反应方式与治疗师长期以来对约翰的反应方式是一样的，包括对他的写作被排斥的创伤的反应，以及对他在电视荧幕上的形象较少得到热情回应的反应。他对于任何缺乏正面反应的情况都会产生自恋性暴怒——更不用说完全的批评或是不赞成,治疗师尝试在这个部分对他进行共情地同调,治疗师常常会给病人提出建议,也许会强调某一点而不是另一点,约翰接受了这个技巧,并且运用到了儿子身上。约翰在儿子身上表现出了作为一个编辑所应当拥有的能力,正如治疗师曾巧妙地运用于约翰身上的那样,这暗示对于治疗师的某些转换性内化已经发生,即激活了他与受惩罚的保姆所共同拥有的他我自体客体关系,这些发生于他和外公之间复杂的孪生关系之前。

核心自体的孪生补偿结构

尽管如此,共情、相似的兴趣和才能,以及对欣赏反应的体验这几个成分似乎合并在了一起;保姆、外公以及治疗师也混合到了孪生的补偿结构中,为病人急需的核心自体的发展所用。这个晚成的结构为约翰指出了一条相对舒适的道路,并且仍然运用了他在文学创造上的才能和技巧,这是他从未得到过足够镜映的部分。

因此,在治疗师和约翰之间萌芽的孪生自体客体移情最终成为了一个补偿性结构,令约翰在处理他儿子的问题时能够令他满意而又有所帮助。正如他也将逐渐运用自己编辑的智慧来帮助许多其他向他寻求帮助的人一样。

孪生或他我自体客体的需要,在治疗中作为一种自体客体移情的愿望自发产生,在科胡特看来,这包含了人性中对于分享相似的感受和经验的深层需要。科胡特指出"任何一个离开自己的生活环境一段时间的人——比如,去了另一个国家——都会记住再一次被和自己一样的人们所围绕时的那种增强的感觉"(由 Goldberg 和 Stepansky 编辑,1984,p. 203)。

约翰和他的外公都受到了不公平的对待,这一定是他与外公孪生关系中的一个部分,并且,约翰能够从试图给予外公一些他所需要的东西上获得一定的满足感,甚至是舒适感。尽管约翰给予他外公的共情性镜映后来他自己没有得到,但

第6章 核心自体的第三个机会：通过孪生获得三极自体
6 A Third Chance for the Nuclear Self: A Tripolar Self Through a Twinship

是他有能力给予外公，并且在潜意识中希望日后他也会得到同样的共情待遇。因此可以想象，早期孪生自体客体的经验可以成为一座桥梁，搭建在两条独立的发展线路之间，一条是健康自恋的发展，另一条是通往浪漫爱情的、人们更为熟悉的客体关系的发展线路。在孪生或他我关系，或者孪生或他我移情中，存在一种对于另一个人的感受与思考的关心，尽管那个人可能不会被体验为处于一个深度的水平，如具有独立的自主中心。但是，与自恋性镜映的关系或理想化的关系相比，这样的一种关系能够在一个更为关怀和分享的基础上存在，科胡特强调，人性中有一种品质是对孪生自体客体的需要——在人群中感觉自己是人——在这个意义上，这些感受可能是通往客体爱的桥梁。

第七章
代际连续性对惩罚性内疚[1]

一个令人惊奇的提议

案例简述

社会环境的影响

通过个人成就和性满足来达到自我实现的可能弥漫于自体心理学中。这一可能性也得到了我们自己临床经验的证实，加强病人的自尊能够扩展其自我功能。于是也就具有了存在更令人满意的自体和客体关系的潜在可能，包括在父母与子女间更有爱的关系，即代际连续性（intergenerational continuity）。但是人类的这一光明前景却被俄狄浦斯情结的阴影所笼罩着。

弗洛伊德将俄狄浦斯情结视为人类生物学上的命运，让性满足背负了内疚和恐惧的负担，在一代代人之间传递着嫉妒和报复的遗产。他也看到了超我这一人类良知的树立，将其视为儿童因为害怕阉割或死亡的威胁而放弃其乱伦渴望的俄狄浦斯纠葛的结果。于是，由超我提供的人类良知被惩罚和毁灭的恐惧所控制，而关怀一个人的父母、孩子、朋友，甚至是个人的自体所带来的结果，在最好的情况下看起来也是脆弱的。

一个令人惊奇的提议

自体心理学不再将攻击性和力比多驱力视为人类天生的、要求释放的本能推动力，这种释放常常不顾目标，比如在儿童发脾气、强奸犯放纵欲望，或是在平民人群中放置报复性炸弹时，这就提出了关于俄狄浦斯情结的一些基本议题。科胡特在这些问题面前并未退却。

科胡特在充分认可了弗洛伊德对于婴儿性欲的发现及其随后对于本我、自我、超我结构理论的发展之后，他提出了一个令人惊奇的议题。他最初在《自体的重建》（1977）中提出这个议题，然后在他去世之前不久（1982）又进一步详细地加以阐述。这个议题由两个部分组成。其一是关于俄狄浦斯情结，它远不是《俄狄浦斯王》这部戏剧中所暗示的可怕、自我毁灭的样子，如果父母的心理足够健康，能够欢迎儿童自然性欲的出现，以及同时出现的对于同性父母的竞争，那么这可能会成为一个快乐的体验。

另一个部分，是关于俄狄浦斯渴望与俄狄浦斯暴怒的可怕经验，这反映出儿

第7章 代际连续性对惩罚性内疚
7 Intergenerational Continuity Versus Punishing Guilt

童从出生起便经历到了一个没有反应的环境；即在发展的各个阶段，儿童从来没有感到自己的发展需要得到了大量的反应。我们使用了"从来没有得到大量的反应"这个短语，因为必须要有足够多的共情性反应，才能帮助儿童建立一个多少具有一些内聚性的自体，避免其发生精神分裂性的或是精神病性的退化。俄狄浦斯阶段确实包含了渴望另一个人分享自己的生理与心理需要，所以这是一种对于令人满意的自体客体的有意识的需要。由于父母中异性的那位通常是儿童性理想化的对象，这暗示了儿童性发展的生理部分占据了舞台的中心。

科胡特没有否认任何先前的理论，而是看到儿童需要从他的父母那里得到共情的反应，以达到这重要的发展阶段并积极竞争。他认为正常的俄狄浦斯情结可以是

……比我们如今逐渐开始相信的情况要更少一些暴力，更少一些焦虑，也更少深度的自恋性创伤——总体而言更快乐，以心智组织是罪疚人（Guilty man）的语言来说，甚至是更快乐的。（1977，p. 247）

科胡特在其关于自体心理学的最后的讯息，即他的论文《内省、共情与心理健康的半圆》（*Introspection, Empathy, and the Semicircle of Mental Health*，1982）中，他强调，令人愉悦的俄狄浦斯情结可以成为心理健康的标记，不仅是在儿童身上，在父母身上也是如此。他说：

……健康的人会带着最深的喜悦把下一代人体验为他自己自体的延续。这在对下一代人的支持中位于首要位置，因此，也是正常和符合人性的，并非两代人之间的竞争与杀戮愿望……（1982，p. 404）

如果父母缺少健康的、内聚性的、并且有活力的自体，当他们5岁大的孩子令人欣喜地前进到一个新的自主与情感水平时，他们就会做出竞争性和诱惑性的反应。这样一个有缺陷的双亲自体，不能对孩子新生的自主-情感自体做出共情

的认同反应，会激起孩子自体发展的瓦解。作为对这种非支持性环境的反应，儿童破碎的自体会导致熟悉的崩解产物——敌意与色欲，并将其归因于俄狄浦斯情结。

科胡特（Kohut，1982）在他的最后一篇论文中强调，俄狄浦斯，作为弗洛伊德通用的亲子关系范本中的悲剧英雄，是一个"被拒绝的孩子"。作为与这个没有爱的养育方式的对比，他引用了荷马史诗中奥德修斯（Odysseus）的故事，他冒着失去自己生命的危险拯救了他还是一个婴儿的儿子，由此证明了代际的关爱，而不是病理性的恐惧和嫉妒，那在俄狄浦斯的故事中摧毁了两代人。

在此得出的结论是，嫉妒、恐惧、对性的兴趣的不赞同、竞争，以及对于儿童正常地表现出这些需要与能力时的惩罚性态度，都表示出一种病理性的教养态度。因此，当治疗师遇到一个对性怀有恐惧，并因此而产生焦虑的病人，或是对与对手竞争感到焦虑，对是否要生一个孩子感到左右为难时，这些是否要被自动地归因为病人天生俄狄浦斯情结的敌意竞争和对惩罚的恐惧？还是说，我们在判定这一切都是来自病人的驱力之前，应当先检视病人成长环境的质量？这些议题在以下这个个案中确实都有所突显。

案例简述

罗纳德（Ronald）是一个 35 岁的律师，向本书的资深作者咨询婚姻问题，强调他不想要孩子，尽管他的妻子很渴望有个孩子。病人似乎还是个完美主义者，他固执、情感压抑、有好争执的倾向，很快就在一次和上司的争执中显示出了自我毁灭的特质。治疗师认为，这些特点描绘出了一幅强迫性防御的图景，掩盖在其背后的是俄狄浦斯冲突，因为就治疗师迄今为止所看到的，病人几乎没有表现出自体心理学方面的问题。

罗纳德童年的经历似乎确证了一个经典的俄狄浦斯问题。他那爱尔兰血统的母亲在他 4 岁时死于脑出血，他英国血统的父亲在他 12 岁时死于癌症。除了在

第7章 代际连续性对惩罚性内疚
7 Intergenerational Continuity Versus Punishing Guilt

那么小的年纪就经历了失去母亲的可怕剥夺，他后来被寄养在母亲的亲戚家中，他们是一群没有反应的人，不仅贬损他的母亲（因为她的死亡），还贬损他父亲在经济支持方面的不足。因此，从一个自体心理学的角度来看，双极自体的两极——通过母亲的镜映获得抱负心的那极，以及通过父亲的价值观获得理想化的那极——似乎已经被创伤性地消弱了，并且正如在前几章中所谈到的，病人需要通过内化一个好的自体客体来获得一个补偿性结构。

然而，病人对于治疗师的移情反应明确地显示出，他的中心问题并非传统的俄狄浦斯情结，而是自体心理学的问题。这里涉及到一个对移情的探索，治疗师问罗纳德，他对治疗师在圣诞节假期时的缺席有什么感受。他愤怒地反诘道，为什么她会觉得自己应该对她的缺席有什么感受，并且她为什么要把自己强加到一个由他付费的分析中去。这个反应暗示病人可能把治疗师纳入到了一个自恋性镜映移情中，把她当作了自己的一个部分，而不是当作客体关系移情中的分离的个体，治疗师还感到好奇，他是否因为尴尬或焦虑而否认对治疗师的任何兴趣或者需要，这在传统的俄狄浦斯问题中是常常发生的。

一次镜映移情

治疗师决定不再在这个熟悉的有关客体关系移情感受的议题上施加任何压力，而是转为考虑罗纳德的否认与愤怒是否指出了一种可能的自恋性移情。鉴于这样的一种移情，病人可能会拒绝治疗师作为一个分离的个体对他的重要性，并且期待她会成为一个有反应的听众，期望从她母性的目光中看到"神采"（Kohut, 1971），赞许他早期以及后来的成就，这是他患病并且过早去世的母亲从来没能做到的。

显然，病人是否具有将来自母亲般的人物的积极镜映体验为一种可靠的反应的能力，取决于他与那个人的早期经历，当他对生理或情绪的需要产生焦虑时，那个母亲般的人物是否为他提供了同调的反应。可以想象，病人的母亲在他小的时候，没有能够如他所需要的那样对他进行同调。或者也许她当时已经相当同调，但是随着她脑部疾病的突发，原本同调的母亲不祥地转变为了没有反应的母亲，并且那正是在他需要积极镜映来支持他自豪的阴茎抱负，包括他对自己身体的欣赏和勇敢地探索外部环境时。在这里，治疗师正以科胡特有关上一代人欢迎儿童的性欲与竞争，以及父母不能提供欢迎而造成的病理性结果的概念进行着思考。

治疗师关于病人对她的缺席是否有任何感受的问题显然引起了病人的憎恨，治疗师决定表达一些共情，以免病人把她的干预体验为对他的感受相当不敏感，也就是镜映的失败。所以她说道："也许这个关于我自己的问题听起来有些冒失，而且我对你关于婚姻和事业问题的感受也没有做到同调。"

病人感到自己被倾听了

罗纳德叹了口气："是的，我很高兴你开始倾听我说的话，听到我从治疗一开始就对自己的事业开始走下坡路而感到非常不安，还有关于我妻子陷入抑郁的事。你在处理我的这些问题上给过我的唯一一个想法，就是告诉我，我因为对父母的死有内疚感而在责罚自己。即使真是这样，我不知道自己对此可以做些什么。"

本书的资深作者，也就是治疗师，感觉到罗纳德充满愤恨的评价可以被理解为一种预料中的反应，是一种负面治疗反应[2]的表达，或许甚至可以说是对于治疗师早前解释的证实，比如，他在无意识中被驱策着将事业与婚姻陷入失败之中，因为从他父母死后，他就感到自己不应当活着并且过上幸福的日子。总之，病人可能感到自己朝向他们的愤恨情绪可能杀死了他们，而这是可以理解的。治疗师想知道，罗纳德自然地提起了她先前的解释，也许是一种对于负面治疗反应的防御，那是否实际上是对它的证实。或者那是否是一种不太常见的表达无助感的方式，以此作为对她试探性的共情的反应？

第7章 代际连续性对惩罚性内疚
7 Intergenerational Continuity Versus Punishing Guilt

对无助感的共情

治疗师想起弗洛伊德曾说过，负面治疗反应"构成了最严重的阻抗之一"（Freud，1923），于是她便决定，如果她仍旧聚焦于科胡特的共情模式，那么她不会错失任何无法挽回的东西，并且病人有可能会向着对她镜映移情的方向移动。病人被她的努力共情所触动的无助感，似乎是一种值得探索的自体缺陷，同时还有对于治疗师最初把她自己强行加入对话中的愤怒——这种愤怒带有遭受挫折的镜映移情的特点。

治疗师开始持续地关注病人由于事业上的的困扰而产生的自尊打击，聚焦于他在承受这些事情时一定感到非常的困难，特别鉴于他长期以来希望自己能够拥有快速而惊人的成功。她意识到，在自体心理学中，对镜映的需要直接涉及到的内容，不仅有母亲般的人物在支持儿童健康抱负发展上的失败，还有个体防御性地退化到婴儿期夸大自体（见第四章），个体会感觉到自己必须承担起全部的负荷，因为父母已经让他失望了。

让治疗师感到惊讶的是，罗纳德开始以真实的情感来回应她，指出他在童年时从他那些不太敏感、过度工作的亲戚那里几乎没有得到过什么共情或者兴趣，他们没有时间陪他，也不理解他，无论是对他失去双亲的痛苦，还是对他在青春期时努力奋斗的抱负。对于后者，治疗师逐渐意识到，似乎是用于对抗因为早期的镜映缺失和理想化不足而导致的自体缺陷的补偿性结构。

吓人的抱负

病人的抱负需要得到支持，但是要去除那似乎已经造成了一些麻烦的婴儿期夸大期待。罗纳德开始承认，他是多么害怕自己的法律事务所获得成功，而且他害怕拥有自己的孩子，因为他认为自己可能不会花足够多的时间去陪伴他们，或是赚足够多的钱，让他们拥有很好的生活。与代际连续性的概念相一致的地方是，他并不害怕他会输给自己的孩子（无法与自己的儿子竞争），而是害怕自己无法充分地照顾他们，只是因为他的父亲曾经让他失望过。

罗纳德深信自己需要给予自己尚未出生的孩子如此多的照料，以让孩子免受他自己曾经经历过的剥夺体验，这的确可以解释为一种反应形成（reaction formation），用来抵御他自己没有从父亲那里得到他想要的东西（一个大的阴茎、他的母亲，以及一位他可以仰望而不是哀悼的父亲）的愤怒。当治疗师清楚地说出这些俄狄浦斯可能性时，她也想到了科胡特的观点中的"第二次机会"，即与从父母中的一方或者双方内化引导性的价值观有关的，双极自体中的理想化的部分。

在罗纳德这个个案中，这些价值观里似乎包含了两个目标，即要成为一个充满爱的、强有力的父亲，能够帮助孩子"走上正轨"，同时还要相信自己能够获得成功。这似乎是对最初的双极自体中的两个方面有趣而丰富的融合——他健康的抱负心以及引导性的理想（第六章）。在罗纳德的母亲患上致命的疾病之前，他可能从母亲那里获得了一些符合当时那个发展阶段需要的镜映，她的死亡对于罗纳德婴儿期夸大性的命运提出了一个充满希望同时又令人困惑的问题。

治疗师感觉到，罗纳德的一些幸存者罪疚感可能根植于他对自己的自恋性暴怒，当时他无法阻止母亲的死亡，并且在母亲因致命的脑出血而去世之前，可能有过的令人费解的改变。已有许多文献记录，儿童会认为自己应当为父母的反应负责（A. Freud，1962；Spitz，1965；Kohut，1977；Mahler，1975；Miller，1983；Weiner & White，1982）。罗纳德对其童年创伤的处理方式似乎是，成为一个全能的父母，尽力满足孩子，这样孩子就永远不会因母亲或父亲的失败而发现双亲夸大性中的瑕疵。通过这种方式，罗纳德那假设中的孩子就永远不会有要去面对曾经驱策过罗纳德的那种让人自我毁灭的羞耻感和罪疚感的危险。

治疗师努力尝试把这些想法结合到一起，解释给罗纳德听："如果你能使你的任何一个孩子尽可能的快乐的话，你就永远不用去体验那些让孩子失望的父母的糟糕感受,或是体验孩子那种感到自己应该能够让生病的父母好起来并且过得快乐的感受。"

罗纳德接着做了一个最不同寻常的梦——科胡特称之为"自体状态的梦"(Kohut,1971,1977)——在第八章中将进行更充分的阐述。梦是关于一些探险家,他们想要追溯亚马逊河的源头,突然间发现自己处于一个本该是灭绝的恐龙所生活的失落的世界。探险家们既对自己的发现感到兴奋愉快,又对恐龙感到恐惧。

对治疗师而言,这个梦境是对她最终找到了同调于罗纳德问题的方法的一种确认。这个梦显示,她寻找亚马逊河源头的方法是正统的,但是偏离了中心。然而,那个失落的世界的确是对他失落的自体真实而相关的聚焦,恐龙代表着罗纳德热情而恐惧的夸大性自体。

治疗师注意到了夸大性自体的恐惧,以及伴随而来的对于失败的自体的自恋性暴怒(见第四章)出现在了确认性的恐龙梦境中。罗纳德对恐龙的联想聚焦在了探险家们对于这些怪兽的恐惧,而不是他们对这一"真正的发现"的喜悦——那是一种应该已经灭绝的物种,但是依旧生龙活虎。当治疗师询问罗纳德,有关恐龙的哪些方面是让人害怕的,他说:"看起来好像是进化发生了错误。他们如此需要全能,以致于他们自己长了盔甲,而那几乎让他们动弹不得了。但是我最近看到过一幅图片,表现的是一只恐龙妈妈像是在对一个恐龙婴儿哼摇篮曲。所以好像有一些证据表明他们并不是百分之百具有毁灭性的怪兽。"

对于全能的需要

治疗师指出,在梦里与探险家有关的方面存在一些快乐,他们发现已经失落的物种仍然存活着。然后她提出,或许这一发现代表着病人希望她会对他隐藏着的部分有兴趣,他感到自己像是一只恐龙——也许需要让自己成为不可战胜的人。

罗纳德沉默了几分钟,然后说道:"嗯,像一只恐龙的想法让我很反感。但是当你将它换成需要成为不可战胜的人的说法时，似乎更让我能够接受了。我开始看到，在我的人生里有许多经验，会让我想要感觉自己无所不能，尽管我害怕这会让人们远离我。"

关怀的恐龙

治疗师在这个点做了干预，说道："你也在梦中放入了恐龙具有关怀性的那一面，在那个场景中成年恐龙在为小恐龙哼唱歌曲。这似乎表达出，你需要自己无所不能，有一部分是因为你需要完美地照顾好你可能拥有的每一个孩子。"

罗纳德温暖地笑了，或许是在分析过程中他第一次这么笑，他说道："那是当然！那就是为什么我想要成功，想要变得富有。那样的话，我的任何一个孩子都再也不用承受痛苦。我不知道为什么你能感觉到这点，但是我的妻子似乎就是一点儿也不明白。"

病人对治疗师理解他想要变得无所不能，好为他的孩子提供完美的照料和保护，做出了公开的承认，这是一种欢迎的认可，说明他开始逐渐接纳治疗师成为自己的一个同调的自体客体——显然，这是他从未拥有过的。罗纳德提到了自己的妻子，这就提出了一个问题，治疗师作为一个共情的自体客体，是否应该公开地站在他这边，一起批评他所体验到的妻子的迟钝。他婚姻的不和谐曾是他声称前来接受治疗的原因。他现在提到自己的妻子，在他第一次承认自体客体移情的时刻，这是对治疗师共情的测试吗？

治疗师和妻子的反应

治疗师意识到，她从没探索过罗纳德的妻子对他想要在变得富有之后再要孩子的想法做何反应，因为治疗师从一开始就假设，这是一个对其潜在的俄狄浦斯问题的阴茎展示性防御，其中包括他对要孩子的的恐惧和罪疚感。治疗师感到，无论他的妻子作何反应，从传统的俄狄浦斯立场来看，那都与他的无意识冲突无关。现在她想知道，鉴于他潜在的夸大性，是否他也期待他的妻子作为他夸大性自体的一部分，"知道"他为什么想要等到富有之后再要孩子。于是治疗师冒险询问罗纳德，他的妻子对于他在要孩子之前想要先赚很多钱的理由是如何反应的。他有些惊讶，说道："但是我为什么要告诉她呢？她应该知道的呀！"

对自恋性暴怒的恐惧

通过这一揭示，罗纳德对其潜在的夸大性的固着程度，以及他对妻子同调镜映的需要由此变得显而易见，并非因为他没有能力与妻子沟通，而是因为他的愤怒和伤心而拒绝这么做。这暗示出他对于向任何亲近的人表达愤怒或受伤的感受时所具有的焦虑，因为害怕任何不理解的反应都会激起他的自恋性暴怒，作为一种对于糟糕的无助感的防御，这种无助感来自于想从另一个人那里获得共情或是足够的镜映。

这种自恋性暴怒，当然，在先前的移情中爆发过，当时治疗师提出了一个"不可言说"的问题，询问罗纳德是否对她在假期时的缺席有些感受。当然，拥有这样的感受，就相当于承认了自己的无助，同时伴随着一些未满足的需要以及害怕自恋性暴怒转而攻击自体，因为自体未能满足这样一个需要，尤其是通过控制那个自己需要的人，让他成为自己夸大性自体的一个部分。

治疗师早该知道

移情自体客体的议题——特别考虑到病人已经达成了将治疗师内化为他从未拥有过的、共情的、镜映的自体客体——涉及到治疗师要努力去发现病人的感受，不仅是关于她的，还有关于他自己的过去，比如他的妻子，这是治疗师"本该已经知道的"。此外，治疗师必须小心地接纳罗纳德的婴儿期夸大性，避免鼓励他付诸行动，不计后果地满足其证明自己无所不能的需要，这可能导致现实中的灾难或者不幸。

在关于恐龙的梦境及其解释性的联想之后，包括罗纳德对于别人了解他的心思以及得到一个潜在的自体客体镜映的需要，治疗师决定慢慢地进一步支持他得到认可的夸大性，同时在总体上努力维持对其抱负心和对共情性镜映需要的积极同调。结果是，他开始打起精神，关闭了自己的事务所，很快能够在一家金字招牌的律师事务所中获得了一个不错的职位。

权威人物和自尊

渐渐地，罗纳德开始处理他与权威人物的冲突，其背景是，当他不能得到别人对他想法百分之百的赞成时，他的自尊会受到打击。当治疗师从这个角度巧妙地、缓慢地、机智地提出这个问题时，罗纳德能够去考虑他对于完全控制（那个恐龙）的无意识夸大性需要，这也涉及到他的展示性冲突以及想要去掌控听众，让他们完全欣赏他的倾向。

完全掌控他人的理解与欣赏的需要背后的无意识夸大性结构，反映出罗纳德从母亲那里得到的镜映不足。似乎，他的母亲无法将自己与她那自恋、爱控制人的母亲分离开来，导致她无法鼓励自己年幼的儿子发展出健康的展示癖和自尊。相反，似乎在她脑出血之前，她已经把罗纳德当作了自己的双亲自体客体，因而强化了他对于自己的夸大性自体的固着，从而也强化了他对于自己没能把母亲从悲剧性的疾病与死亡中拯救出来而产生的指向自己的自恋性暴怒（Weiner & White，1982）。

当然，罗纳德渴望成为一个完美的父亲，一部分是源于这种悲剧性的失败感，一部分是因为他自己成长过程中被忽视的感觉，包括他的母亲没能给予他足够的镜映，而不是期望他成为全能的父母（Miller，1981）。

第7章 代际连续性对惩罚性内疚
7 Intergenerational Continuity Versus Punishing Guilt

来自父亲的夸大

除了母亲对他的夸大性期待,罗纳德的父亲在他妻子过世后也表现出了某种程度的夸大性独立,他试图独自为儿子撑起一个家,有时会接受短期的女朋友的帮助,并且会避开他妻子那些贬低人的亲戚提供的令人生疑的慷慨帮助。可以想象,父亲在某种程度上为了自给自足而费尽努力,包括经营一家小型硬件商店,同时努力抚养儿子,这可能激发了罗纳德不屈不挠地朝向自己的目标努力,成为一个成功、富有的父亲。

我们不清楚罗纳德是否会因为父亲极度努力想要自给自足,导致他出人意料的过世而责怪父亲。当然,父亲的突然过世似乎让罗纳德满足双极自体的第二个需要变得更为艰难,即在来自母亲的镜映失败之后,通过对双亲中的一位进行理想化来发展出引导性的价值观的机会。在父亲死后对他的批评,尤其是来自母亲亲戚的批评,进一步破坏了罗纳德理想化其父亲的机会。要让罗纳德相信他的父亲为他做过计划特别困难,尤其当罗纳德不得不依靠他心怀愤恨的亲戚生活,并且要因为父亲在经济上的无能而独自努力完成大学和法学院的学业时更是如此。罗纳德也表露了他对父亲的女朋友的愤怒,谴责他的父亲对过世的母亲"不忠"。

释放闭锁在夸大性自体中的能量

在人生中的逆境与发展性需要的压力下,罗纳德早期对于夸大性自体的固着显然被强化了。因此,这些压力并没有随着用于发展出一个可靠的核心自体的自恋性能量的逐渐释放而得到缓解。罗纳德只剩下了他的完美主义、控制性、充满暴怒但又非常贫乏的自体,正如他的父亲之前显然所拥有的。直到他在接受分析的过程中开始关注于他的自体需要,包括对其原始的、全能的自体的意识和接纳,这才释放了闭锁的能量,使其能够用于他成熟的目标。

罗纳德回忆起自己发现父亲患了癌症时的震惊，以及随后的与父亲死亡相关的记忆，他感到非常无能和无助——这些记忆换回了更早期他母亲过世时的相似感受——罗纳德开始意识到需要保护自己，再也不要让自己感受到这种全然的无助感。他开始能够在治疗中认识到，这种需要的形式是，成为一个自给自足的富有的专业人士，这个目标一部分是受到了母亲家一位亲戚的影响，那位亲戚很富有，并且瞧不起罗纳德的父亲。治疗师继续探索罗纳德对这位亲戚的愤怒，使他更充分地表达并记录了自己因为决心去上大学、成为一名律师，想要变得成功，而遭受到来自母亲家亲戚的批评甚至嘲笑的孤独感受。

失败的同调

在罗纳德青春期的时候，他受制于那些心怀憎恶的亲戚，他们出于非常不快的"责任"而在经济上支持这个身无分文的孤儿，当罗纳德可以与治疗师谈起他在青春期时被孤立和被拒绝的深度感受时，他对妻子——以及治疗师的夸大性期待——他们应该了解他的感受，开始变得更加清晰。

对于一个12岁的男孩而言，他会希望他的外婆、阿姨、叔叔和表兄弟姐妹意识到他对于父亲出人意料地死于癌症感到震惊、恐惧和心碎，这些原本都是非常自然的。罗纳德对亲戚们的不敏感产生的失望，是导致他退化到自己的夸大性自体的一个方面。我们当然能够理解，根据科胡特的理论，攻击性是无反应环境下的分解产物（见第二章）。从这个观点出发，罗纳德本该希望，尽管他对亲戚们自然会有不信任感，他的亲戚们迟一些会理解他的受伤、他的丧失、他的困惑，特别是他努力振作自己，成为一个成功的人，并且甚至想要报答他们对他的经济支持。

但是，罗纳德的亲戚没能对他共情，他们嘲笑他的自负，拒绝借贷给他念大学，即使那是一个学费相对而言并不昂贵的公立大学，这些只是让罗纳德燃起了自恋性暴怒的怒火，驱策着他的夸大性。尽管如此，似乎有这样的可能，罗纳德对于成功的夸大性需要聚焦到了一种值得尊敬而且可以达成的形式（成为一个富有的律师），也是对其父亲通过经营一个独立的小型事业并以此来照顾他的一种理想化反应。

一个完美主义但是很有爱的目标

然而，鉴于罗纳德悲剧性的早期生活、他的高智商，以及他富有攻击性的夸大性，他原本可能很容易就会转向较不值得称赞的"实现"方式。为什么他似乎没有成为代际连续性概念具有丰富潜力的一个实例。无论罗纳德从他生病的、过早去世的母亲和他最终被癌症击败、努力抚养他的父亲，甚至是他那些不情愿的、但是仍旧收留他的亲戚那里得到了什么样的镜映、照料和理想化价值观，他从中提炼出了一个完美主义的目标，就是要抚养永远不需要去渴求任何东西的孩子。这并不是一个攻击性的愿望，想对所有那些曾让他感到失望的人们进行报复。它可以被看作一个超越了他们的愿望，以一种爱的竞争的方式，显示出孩子们应该得到照料的内涵。这里没有破坏性的冲动。

内化治疗师

当罗纳德感到治疗师作为一个共情的自体客体，对他的理解更为可靠时，并且当他通过对治疗师的内化而变得更有现实化的自信时，他自然地开始考虑立刻要一个孩子，并且是在他真正赚到一大笔钱之前。于是，在治疗结束之前不久，他成为了一个高兴的、自豪的父亲。这似乎是一个可靠的指标，他修通了自己许多的自恋性夸大，并且在那个过程中，他把治疗师内化为了一个反应性的值得信赖的自体客体。结果，他实现了一个具有内聚感的自体，以及一种达到了分化水平的客体关系，对此，作为一种象征性的变化，他能够在治疗结束时对治疗师表达出温暖的感谢。

在自体心理学导向的分析过程中，罗纳德能够从一个孤立、敌意、缺少欢乐、成功导向的人发展成为一个温暖、有反应、欢乐以及充满爱的父亲，这是对科胡特理论有效性的令人印象深刻的证明，尤其是关于恢复代际连续性的可能。

社会环境的影响

反应性的环境在培育个人潜力方面有其作用，也有需要去除的发展性阻碍，包括俄狄浦斯性欲与竞争，科胡特也对其做了一定的延伸，从个人的亲子环境，到总体上社会环境的改变对人们的影响。对自体客体移情的发现，以及对悲剧人（Tragic Man）"寻求表达其核心自体模式"（1977，p. 133）的困境的发现，和罪疚人（Guilty Man）那被攻击性困扰的俄狄浦斯情结的发现，指出了变迁的社会与文化环境对于出生于其中的儿童的影响。

比如，科胡特引述了当代儿童的空虚和刺激不足，他们成长于小家庭，双亲都有全职工作，没有住家的帮手，从相对冷漠的环境中获得的内因态度是"照顾好你自己"。当代的儿童感到如此不被回应，被抛回自己没有得到充分镜映的核心自体，他们可能会成为如今坐在治疗室中的病人，过度倾向于自体破碎，并且体验到所谓的中立分析师，冷漠地对待病人不再流动的空虚和抑郁。

相比之下，弗洛伊德认为可以被分析的病人成长于一个过度刺激的环境之中，他们处于大家庭中，人们往往会过度卷入，家人和仆人可能并且确实会引诱儿童。在性方面略有过度卷入的父母、兄弟姐妹，以及仆人，据科胡特推测，这使得俄狄浦斯情结似乎成为了一个普遍的现象，而不是在一个过热的环境中可以预料的反应。从这个观点来看，严格中立的弗洛伊德式分析给予病人最低程度的反应，这可能会被过度唤起的病人体验为受其欢迎的舒缓，对他们而言，弗洛伊德是第一个开始倾听他们的人。

科胡特指出变化中的"精神病性"因素——人类所面临的社会环境的本质——可以部分地说明一个人从一个潜在的好的自体客体那里可能需要的不同种

第7章 代际连续性对惩罚性内疚

类的反应，以此去发展并维持一个内聚性的自体。他暗示中立性的分析本身不太可能引导出病人对分析师的内化，病人不会把这样的分析师内化为自己需要但从未得到过的反应恰当的自体客体。出于同样的原因，关于"你有过自己的生活的自由，不要来要求我做出反应"的代际态度的概念，可能意味着过分强调了在亲子之间保持彼此的超级独立。父母接纳孩子的抱负心——如，成为一个舞蹈家，即使这看起来完全不实际——会促使其走上意识到彼此的需要的道路，尽管他们之间存在着主体间性的现实。与此同时，随着孩子成长到成年的阶段，会有多少希望能够共情到父母需求的变化，因为随着年龄的增长，他们的目标和品位也会有所变化。所以，代际连续性的概念，包括正常的、快乐的俄狄浦斯情结，可以不同于分析的中立性或是平行游戏*，而是更像一个长久的共情的朋友，你总是可以信赖他的关注与理解，而且他不会想要控制你。

注释

［1］这是出现在 A. Goldberg（Ed.），《自体心理学进展》，第一卷（纽约：吉尔福特出版社，1985）中的一个章节的修订版，这本书是第六届自体心理学年度大会论文的合集，这届大会于 1983 年在洛杉矶召开。吉尔福特出版社已经授权在本书中出版此章节。

［2］见第八章对于负面治疗反应的讨论。

---

* 一种幼儿游戏形式，他们不会设法影响或改变同伴的游戏活动，各玩各的，有时幼儿相互模仿，但相互间没有任何联系，无意去支配别人的游戏活动，没有合作行为。——译者注

第八章
创伤状态：过多、过少或是错误的反应

案例简述：我怎么可能做了这件事？

持续地失态

案例简述：在迎宾列队的尽头

自体状态的梦

案例简述

负面的治疗反应

病人马丁（Martin L.）是一个29岁的男人，还没有能够在他的音乐才能方面获得认可，他告诉他的男性治疗师，他只有通过幻想对女人的性虐待才能克服自己的失眠。治疗师在听到病人抱怨之前的失眠一直没有得到缓解时，采用自体心理学模式，说道："但是，允许自己去做这些幻想让你克服了自己的失眠。"

病人暴怒地回答道："但我不应该必须要诉诸如此可怕的幻想才能够入眠呀！我做了这么多的治疗，为什么你就不能只是让我好好地入睡呢？"

从表面上看，马丁的反应似乎是合理的。然而，从病人的个人经历上来看，他长期以来的失眠部分是因为曾经目睹了他母亲对父亲的尖叫和争吵，并且，他对女性（他的母亲）的施虐性夸大幻想进入到意识层面是近期治疗的结果，而这让他得以第一次好好睡了一觉。所以，他因为产生了施虐性的幻想而对治疗师暴怒看起来是一个不太感恩的反应，尤其在他的失眠已经严重影响了他的事业和社交生活的情况下。

治疗师努力地去做到共情，他对马丁的暴怒做了如下的回应："当然，你会宁愿不要这些指向那不关心你的、让你无法入睡的母亲的愤怒情绪。"马丁向治疗师吼道："好的，谢谢你让我大开眼界！知道我亲爱的母亲把我变成了一个施虐狂真是太棒了！"病人大步走出治疗室，狠狠地在身后甩上门，在之后的两次治疗中都没有出现。当他回来继续治疗时，他是以愤怒的讽刺开场的："我敢肯定，你在知道我的失眠又回来了之后会松口气，现在那些血淋淋的幻想也没有用了。所以，现在你能为我做些什么呢，心理治疗大师？"

治疗师意识到马丁仍处在高度紧张、过度刺激的创伤状态中，这是治疗师两周前的干预所触发的，治疗师平静地说："有的时候，从对你而言非常重要的人那里得到正确的共情反应是一件很难的事情，尽管你一直想要得到。当你得到的时候，可能会感觉超过了你的承受能力，所以自然地，你会想要缓和一下兴奋的状态。"

马丁开始冷静下来，他的心理不平衡状态变得不那么强烈了。他微笑着，略有些尴尬地说道："你再次击中靶心了，医生，但是现在，我想我能处理得更

第8章 创伤状态：过多、过少或是错误的反应
8 Traumatic States: Too Much, Too Little, or the Wrong Responsiveness

好些。"

这个片段说明了创伤状态的起始、高潮以及逐渐降低，其中涉及了病人长期渴望自己的自体受到虐待这一事实被人认可的强烈刺激，这些虐待威胁到了他对自己有权活下去的信念，更不要说被一个共情的自体客体关怀了。如果治疗师能够帮助病人处理好创伤状态，这通常需要经过相当长的一段时间，病人将会有所收获，通过转换性内化，长期存在的自体客体将培育出健康的自体结构。事实上，正是因为缺乏这一结构，有时候会导致病人诉诸混乱的性行为，而这对病人的现实生活可能会有危险。

案例简述：我怎么可能做了这件事？

在创伤状态开始时特别危险的一种情况是，病人的诉诸行动常常会导致真实的或者潜在的后果。在下述案例中，病人是一个男性外科医生，名叫艾伦（Alan G.），当他与抑郁的妻子发生激烈争吵之后，他会强迫性地感到需要去地铁中的男厕所找一个性伴侣。性活动的场所有时候是在男厕所中，有时候是在对方的公寓。无论是哪种情况，对这位外科医生而言都是非常危险的。在他暴露自己的男厕所中，有时候甚至会遇到一个准备逮捕他的便衣警察，其结果将会对他的职业声誉和婚姻造成威胁。当他去陌生人的公寓时，有时候他会遭到攻击，有时候会被人勒索。

无论病人的行为涉及何种无意识动机，女性治疗师在一开始只聚焦于这种诉诸行动的现实后果。病人破碎的自体感受驱使着病人的行为，治疗师通过对其共情，希望成为病人的好的自体客体，显然，这是病人在他的妻子和父母那里所没有发现的。她认为，通过诉诸于任何艾伦心中所剩余的自我关注，他可以将她体验为一个非惩罚性的、非批判性的人。

治疗师还感觉到，如果没有更实在的证据，她无法把病人危险的性行为解释为病人需要通过对她进行自体客体移情来发展出更多自体结构。然而，她没有意

识到的是，她对于艾伦自我毁灭倾向的聚焦令艾伦感到治疗师在批评他，就好像他是一个失控的小孩。他需要的是治疗师对他的认可，需要她意识到他做出这些强迫性的行为，一定是有一个非常重要的理由，然而治疗师在想的却是，他是否可以告诉她其中的原因。

病人感到自己面临危险、没人保护

最终，病人遭遇了一次特别恐怖的经历，他到了一个施虐狂的男人家里，那里放满了弯刀和其他致命的武器，在此之后的那次治疗中，艾伦告诉治疗师，他在考虑终止治疗。他说，治疗没有为他提供他所需要的保护，让他停止自己那些令人恐惧的冲动。"不管你有没有意识到，"艾伦咆哮道，"那天晚上我能够逃脱那个男人的魔掌，没有真的被他切成碎块，真的是很幸运了！"

治疗师对他的暴怒吃了一惊，或许带了些防御，说道："但是我确实意识到了在你和妻子争吵之后，你让自己处在一种危险境地！我所不能理解的是，你为什么要这么做！"

艾伦重重地叹了口气，就好像他终于接近了一个目标，说道："嗯，为什么你从来没有问过我，为什么我明知道很危险但还是会去做这件事？"

尽管治疗师认为自己是一个自体心理学家，她意识到，基于她早期的传统训练，她下意识地不要求艾伦解释自己为什么会去做这么危险的事情，以此不让自己对艾伦施加任何"暗示性的压力"。举个例子，她会害怕艾伦可能会认为她对其同性恋性质的自我毁灭行为持批判的态度，而且他对自己双性恋行为的矛盾心情可能会强化他的"阻抗"。她还意识到，她仍然在采用"防御性的阻抗"这一思考方式，而不是将防御视为一种避免让难以承受的体验导致自体崩溃的方式（Kohut，1984）。所以，治疗师最终带着明显的谦卑说道："我知道自己应该早些问这个问题，但是，你觉得自己为什么会这么做呢？"

艾伦深思熟虑地回答道："只是听到你问我为什么，我就感觉好些了，那就

第8章 创伤状态：过多、过少或是错误的反应
8 Traumatic States: Too Much, Too Little, or the Wrong Responsiveness

好像你相信那些看起来疯狂的举动背后有着一个说得通的理由。单就那个信念，我觉得，就是我为什么强迫性地置自己于危险之中的一部分原因。我的妻子已经再也不相信我是一个人了，如果我过去对她而言是一个人的话。我似乎就是无法把她从她的抑郁中带出来。当她处在抑郁状态时，她对我就好像我是一块门垫，没有任何的感受或者需要。她让我感受到的无助，就和我那该死的、抑郁的母亲让我感受到的一样，无论何时，总是背对着我躺在床上，哪怕我只是需要她承认我还活着！那就是我会去男厕所找男人的原因。如果我能在那里做到，那么就好像我在其他地方也能做到一样！"

他停顿了一下。治疗师如今一心一意地关注他说的每一个字，问道："做到什么？"

艾伦苦笑着说道："我想我是想要确认你真的在听我说话，而不只是在想自己的事。我想要做的——我需要去做的——是足够地唤起某个人的注意，不只是看着我，倾听我，需要我肢体上的关注，甚至在我以任何方式有所保留时，还要来虐待我！如果我要继续活下去，就必须要拥有别人对我完全的渴望和要求。你能理解吗？我会故意蔑视我冷若冰霜的父亲，来让他打我一顿。但是无论我做什么，母亲对我就是没有一丁点儿注意，无论做什么都没用。也许那就是我成为医生的原因。她的头痛总是比我重要！"

治疗师回答道："我原先的想法是你有对治疗产生阻抗的嫌疑，表现在你的这些危险行为中，更为重要的是先让你停下来，然后我再去试着了解你想要表达的是什么。"

艾伦笑了笑，说道："好吧，难怪我一直想要抓住一个像我父亲一样的人。至少他会揍我一顿，尽管他从来没有试着去了解我为什么是一个这么麻烦的孩子。你也揍了我一顿，以试图让我拯救自己，甚至在知道我为什么想要毁掉自己之前。你似乎更像是在说，'为什么我需要所有这些关注？'你既像我的父亲又像我的母亲。"

治疗师轻松地叹了口气，现在产生的移情比过去任何时候都好用，但是也有

些后悔，自己抑制了自己的好奇心和共情，迫使病人这么久以来一直在做这么危险和痛苦的事。她说道："真希望我在更早的时候就已经听到并且看到你在向我表达的东西。"

艾伦也叹了口气，然后微笑道："重要的是你最终确实听到也看到了。在此之前从来没有人为我做到这些。"从那一天起，病人开始变得更有能力也更愿意进一步探索和处理他的创伤状态和需要，即去认可他分离的自体与需要的存在，哪怕是在威胁生命的情景中。他在进行自我确认时所做的危险的事情中同性恋的那个层面，似乎涉及了一种孪生需要（见第六章），即将需要某个人来分享自己的兴趣和热情性欲化，尤其因为他是家里的独子。

这些兴趣和热情，包括他对人类困境的好奇以及想要让它变得更好的共情反应，都帮助他度过了成为一个好医生的艰苦过程。随着艾伦逐渐将治疗师接纳为一个好的，对他感兴趣的、他从未拥有过的自体客体，他开始发展出一个更为内聚性的自体，有能力去寻找到一个有反应的、有爱的女人，一个可以分享他的某些兴趣的人——另一个女医生。

尽管在与他患有慢性抑郁症的妻子——一个他那没有反应、不做镜映的母亲的翻版（Kohut，1979）——分离的过程中存在很多苦难，艾伦最后还是做到了与她离婚，与那位女医生结婚，事实证明，那位女医生是一个好的自体客体，会对他的自体需要做出共鸣反映，而那样的反映，他首先是在治疗师解决他的创伤状态时发现的。

持续地失态

当一个人犯了错误或是在一个重要的场合意外丢脸时，自尊会受到猛烈的打击，失态（faux pas）或许代表着人们对其普遍性的承认。这种错误往往被解释为个人自己的过失，同时伴有指向自己的暴怒；但是丢脸通常涉及夸大性自体，它引起了婴儿期自恋性暴怒。无论是哪种情况，通常都会反复遭受到羞耻感

8 Traumatic States: Too Much, Too Little, or the Wrong Responsiveness

的折磨，并且会因这样的错误或耻辱（虽然是想象中的，但感觉为真实的）而产生暴怒。个体处理这些对自尊的打击会包括承受较长时间的创伤状态。

有一点很必要说明，就是治疗师要认识到在这些情况下会产生强烈的痛苦，它所要求的关注和共情接纳程度，与大灾难发生时好的自体客体所提供的关注与共情接纳是一样的。正如科胡特（Kohut，1971）曾说的：

……恰恰在病人最为脆弱的时刻，出现了一次拒绝，突然之间，毫无征兆，比如正当他期待着自己放出光芒，在幻想中预期着喝彩的时刻。（pp. 230-231）

摧毁自己以去除这个羞耻的时刻的自杀性愿望，以及对所发生的事情无法撤销所产生的暴怒，涉及一个长期的修通过程，需要治疗师极大的耐心和共情。

科胡特指出，紧跟在口误之后的羞耻感可能与其他的失态不相上下（如，在一个不恰当的社交场合过多地谈论自己），那种羞耻感源自于个体感到对自己的行动失去控制。当然，一个人会理所当然地认为自己无可争辩地掌控着自己；如果不是这样，人们会认为他"神经错乱"——这是一种无法承受的自恋性打击。

弗洛伊德主张，治疗师应当总是去探索口误背后的意义，把它当作来自无意识的直接信息（Freud，1901）。从这个角度来看，口误在移情方面的意义或是起源上的意义得到了聚焦，而不是发生口误时对个体自尊的打击。然而，对于痛苦的口误造成的自体破碎进行共情地理解，会极大地缓解个体不断重复体验那次灾难性的经历而造成的自体折磨。

案例简述：在迎宾列队的尽头

玛丽（Mary A.）是一个富有魅力的单身职业女性，三十多岁，固着于一个

"迎宾列队"事件*。她带她的情人去参加自己一位亲密的女性朋友的婚礼,那个朋友嫁给了一位非常有声望并且很富有的男人。玛丽在意识层面很为那个朋友高兴,这个朋友在经历了一系列不快乐甚至是吓人的恋爱之后才找到现在这位丈夫。与此同时,玛丽也意识到一些嫉妒的刺痛,因为她自己的情人显然不如她朋友的丈夫那样令人满意,而且他还没有表示出想和玛丽结婚的意思。鉴于她的年龄,玛丽已经开始担心,是否应该继续和这个情人在一起,还是另找一个对婚姻有着更明确兴趣的人。

当她走到迎宾列队的尽头,一些痛苦而矛盾的感觉掠过她的心头。她也对婚礼招待的优雅风格,以及她那位朋友可爱的样子印象深刻——她的朋友站在其帅气、尊贵的丈夫身旁。在走近新娘时,玛丽突然发现自己疯狂地搜寻着自己这位情人的名字,因为新娘并不认识他,她要向新娘介绍。约翰·史密斯的名字进入她的脑海,她结结巴巴地说出了这个名字,这才想起他真正的名字叫作约翰·莫洛,于是她急忙补充上去。她希望新娘会以为莫洛也是他的名字,而不只是约翰·史密斯。新娘要么是太沉浸在婚礼中,要么就是压力过大,没有对这个口误做出任何明显的反应,只是在这对来宾经过时和善地微笑着。

玛丽在接下来的一次治疗中把这件事告诉了治疗师,那是在举行婚礼两天之后。尽管她的情人似乎没有听到她的口误,而且新娘也没有明显注意到,但是玛丽报告说,为此她在晚上无法入眠,总想着这件事,而且对她公共关系主管的工作也无法集中注意力。她在描述自己那尴尬的口误时突然哭了起来。"当我意识到我说了什么时,我感到非常羞愧,恨不得立刻死掉。"她抽泣着。

治疗师对她感到羞耻的程度和随后的自我贬损感到有些困惑,于是问道:"但是是什么让你如此不安呢?迄今为止,没有证据能说明你的男朋友和好友,那位新娘,听到了你关于约翰·史密斯的口误。而且就算他们听到了,他们两个都没有对它非常重视,向你提起这件事,哪怕只是开玩笑。"

---

* 在西式婚礼完后,所有受邀来宾将参加为新娘新郎举行的酒会。这时,受邀的宾客会轮流走到新婚夫妇以及他们的家长所站的迎宾列队前向他们道贺。——译者注

第8章　创伤状态：过多、过少或是错误的反应
8 Traumatic States: Too Much, Too Little, or the Wrong Responsiveness

玛丽的声音中带着冰冷的愤怒，回答道："我早该知道你不会理解的，特别是因为你是个男人。我们把整件事都忘了吧。我不想再讨论了！我想现在立刻离开这里！"

治疗师对她的暴怒感到措手不及。他立刻感觉到，现在的情况就是他所了解的俄狄浦斯并发症。这很自然，玛丽会去嫉妒她的朋友赢得了一个帅气而尊贵的丈夫，自己却"困在"一个不太吸引人的情人身边，而且这个人甚至还没有表现出想要娶她的意思。她对这种不公平的情况感到愤怒，就像对她父亲的愤怒一样，那个她真正满意却无法企及的男人，治疗师认为，她对自己的无助以及她在发生口误时所感到的愚笨所产生的自恋性暴怒，已经不可避免地淹没了她。而且，她担心自己不仅会因为侮辱了男朋友而失去他，还会因为自己的愚蠢和嫉妒而失去那位新娘朋友，这些令她动弹不得的焦虑使她感到自己没有能力再去讨论这个口误了。但是这也难怪，治疗师总结到，她对他没能意识到这些事情对她的重要意义而变得暴怒。再一次的，就如同过去已经发生过许多次的情况一样，当治疗过低地估计了那些看似微小的错误对她的自体凝聚性所造成的巨大打击时，她会感到治疗师缺乏共情。

治疗师尝试去弥补他和玛丽之间在精神上的分离状态，说道："我现在意识到，我遗憾地低估了这个口误对你在自我感觉方面的影响。你让自己的感受破坏了你原本期待自己能够拥有的平静，哪怕只是非常短暂的破坏，这一定很糟糕。我本应该理解，这种不能信任自己的感觉，比起任何来自你朋友对你所说的话可能做出的反应要可怕得多。"

玛丽深深地叹了口气，仍然皱着眉，说道："好吧，至少这一次你理解了为什么我对自己所说的这些蠢事这么在意了。所以，你有时候确实在倾听我说的话，甚至似乎还记得它们。而且我感到松了口气，你也没有重弹那些我没有得到我的老爹，所以我也得不到别的男人那种老调。不过，我也担心我的朋友。如果这次婚姻最后不太顺利，她到哪里再去找一个一样的男人呢？我可以这样说，我把自己的男朋友称为约翰·史密斯透露了我现在的状态。"

治疗师感到有些困惑，冒险提出了一个问题，希望这不会破坏他和玛丽之间似乎已经开始愈合的精神上的间隙，并且希望能够借此打开一条通往玛丽自体状态的新道路。他说道："我还想听听，关于你称他为约翰·史密斯，透露出你现在所处的是什么状态？"

玛丽回答道（带有一些恼怒）："嗯，我还以为这对你来说很明显呢。你是在整合和阐述我的无意识时一直很棒！所以，这个约翰·史密斯的名字对你来说意味着什么呢？"

治疗师抓住一个一闪而过的联想，说道："是不是那位被印第安公主波卡洪塔斯*，拯救没有被剥头皮的约翰·史密斯船长？在那个故事中，约翰·史密斯的命运取决于一个强大的女人对他的爱。"

玛丽深受感动："好吧，这个想法正好能够印证我准备要说的内容。我在想的是，约翰·史密斯这个名字，代表着一个很普通的男人，类似于无名小卒。但是对我来说，无名小卒意味着安全。如果我对他失去兴趣，或者甚至是他对我失去兴趣，那又如何？那并不是一个不可替代的丧失，因为我很容易就能找到另一个约翰·史密斯来替代他。但是如果要失去一个我的朋友所嫁的那种男人，好吧，那对我来说意味着灭顶之灾，而我想对她来说也是一样。你可能永远也无法找到另一个人替代那样的一个人。而且，我知道自己甚至都不会去尝试找一个能够替换他的人。所以坠入爱河是一个可怕的难题。如果你发现了那个你一直在寻找的人，你肯定会失去他。那么为什么要去找呢？"

治疗师意识到，玛丽可能暗指对于把他接纳为一个好的自体客体的恐惧，一个努力回应他，或者至少承认她童年时所有被忽视的需要的人。她害怕在某一时刻，他会辜负她，让她失望，就像每个人迄今为止所做的一样，而她也将离开他。

但是到那时，在玛丽看来，寻找好的自体客体就将变得不可能了，因为她很肯定她永远不会再在其他人身上找到治疗师所给予她的共情。治疗师意识到，玛丽的口误已经导致了一个大问题，涉及她的内聚性自体，以及她对于丧失依赖的恐惧。

---

* 波卡洪塔斯以及后面的约翰·史密斯船长均是迪士尼动画片《风中奇缘》中的人物。——译者注

第8章 创伤状态：过多、过少或是错误的反应
8 Traumatic States: Too Much, Too Little, or the Wrong Responsiveness

而他知道，只有通过持续的治疗，随着她的核心自体发展为内聚性自体，她的自体才能变得足够强大，能够敢于去冒着焦虑的风险，在治疗之外寻找其他可以依赖的好的自体客体。他平静地说道："我开始了解，这对你是多么大的一个问题。"

玛丽叹了口气，说道："好吧，至少你现在确实看到了，而且似乎能够理解一点了。也许这就能够起些作用。"

自体状态的梦

正如我们曾经看到过的，创伤状态涉及难以处理的过度刺激，它会触发核心自体的破碎，常常达到一个令人恐惧的程度。由失态触发的对于核心自体的打击，通常看起来像是对预料中的人类过错与失算的过度反应。

然而，个体沉迷于对于失态的过度反应以及对于失态无止境的翻查，可能是一种残留的隐藏的创伤状态，直到失态行为发生时才再度出现。在这类案例中，治疗师的共情与孜孜不倦的努力，试图去理解并帮助病人理解，他的创伤经历在这些关联事件中真正的重要意义，这在培养病人的转换性内化过程中是最为重要的，这样病人才能将治疗师内化为他从未拥有过的好的自体客体。

类似的，科胡特所描述的"自体状态"的梦，可以尝试通过对梦中图像的语言表达，来控制这种创伤状态，避免过度刺激，或是自体破碎，如，精神病。如此，科胡特补充道，自体状态的梦"尝试使用可以命名的视觉图像来覆盖令人恐惧的无名的过程，以此方式处理心理上的危险"（Kohut，1977，p. 109）。

保罗·托品（Paul Tolpin, 1983）指出，在自体状态的梦中，除了有反应自体的创伤状态或生机勃勃状态的梦境，还可能有"关于自体与其自体客体关系的梦境"（p. 258）。托品强调，这些梦很少能从它们所显露出来的内容上去理解。当下的联系，白天的残余，以及对于病人的遗传、动力、性格、防御方式，尤其是病人的移情，对这些方面共同的共情性理解，可能帮助我们理解梦境的意义，既与病人的现在有关，又与他的童年有关。

案例简述

此处将会介绍本书资深作者的一位女性病人所做的两个梦，以此说明个体早期的创伤状态将如何呈现出来。病人在童年时期缺少与父母之间的"矫正性发展对话（corrective developmental dialogue）"（Marian Tolpin, 1983, p. 369），这使得她作为一个孩子具有严重的自体整合缺陷。当治疗师开始成为成年后依旧存在自体残缺的病人所需要的自体客体时，这些梦可以反映出其创伤状态的改变。

病人玛莎（Martha）是一个35岁的职业女性，有一个比她年长10岁的丈夫，她婚姻不幸福，对自己的职业选择不能确定，而且容易陷入深度的抑郁，这极大地干扰了她相当多的创造潜能。她来寻求治疗，表面上她看起来是为了找寻爱情生活和职业选择的方向。后来治疗师发现，她的自体处于一个非常脆弱的状态。

她的第一个自体状态的梦境是一场非典型的"海啸"，她回忆出这个梦来自她童年时不太确定的某个时间点。说它非典型，是因为在梦中她躺在海底，海啸从她上方掠过。不知怎么，带着她神奇的夸大性，她感到她可以不让海水沾湿她或是淹死她，然而她还是非常清楚自己的处境不安全。

她关于童年的联想证实了她自体的不稳定性。她是一个流行乐女歌手的独生女儿。这位歌手曾经在百老汇音乐剧中获得过一些成功，但是从来没有成为一个世人皆知的明星。然而，事业令她不得不在玛莎8个月大时离开她，把她留给外婆和两位姐妹（也就是她的阿姨们）照顾。玛莎的父亲也是一个歌手，在玛莎三个月大时与她的母亲分手，和另外一个女人走了。所以玛莎是一个没有父亲的独养女儿，长期寄养在她勤劳的外婆和两位阿姨家，她们经营着一间家庭餐馆。

她的母亲露易丝（Louise）每年夏天回家看望玛莎，那段时间正是纽约的表演业萧条的时候。似乎有这样的可能，鉴于玛莎的自体状态，她可能与外婆建立了依恋，将其作为一个稳定的或许有些不太敏感的、如母亲般的自体客体，只有

第8章 创伤状态：过多、过少或是错误的反应
8 Traumatic States: Too Much, Too Little, or the Wrong Responsiveness

在每年夏天的时候，才会由她那爱控制人、诱人的母亲来"接手"养育她的任务。此外，玛莎的两个阿姨，一个像是喜怒无常且时常不知如何是好的双胞胎，另一个则像是才华横溢但饱受惊吓的奴隶，她们俩彼此竞争着小女孩（玛莎）的关注，同时还与露易丝和外婆竞争。

玛莎的外公是一个不合群的人，也不能为家庭提供稳定的收入，但是对她很有响应，而且鼓励她、帮助她学着做一些事。但是，如果他的妻子或女儿违抗他的意思时，他也会很暴力。基于玛莎与她最初的自体客体互动的经验，她在成长的过程中深信，她对很想要得到她，并且愿意为之战斗的人，总要"很容易就让他得手"。她深信她的表现不会受到重视，她也深信她对可靠的镜映的渴望，对她真正相信的价值观的渴望，对与她的才能相符的成就的渴望，在这个世界上一点儿也不重要。如果她不想永远被抛弃，带着因她母亲在她八个月大时把她留给外婆照顾而产生的不可避免的恐惧感，以及随后的关于谁应该掌控她的爱的争论，她不得不去同调于任何一个在有关她的争论中获得胜利的那一方。

脆弱的核心自体

不要指望玛莎脆弱的自体会提出任何要求，与获得胜利但并不共情的自体客体产生冲突。鉴于她的高智商和丰富的才能和天赋，玛莎在适应胜利者对她的要求时显得毫无困难，无论是在爱的关系中还是在工作场合。她高超的适应能力的代价，就是发现自己进入了第一个海啸的梦境。她只能通过唤起自己的夸大性自体幻想，即没有人，"没有东西"可以触碰她，更不要说杀死她，来阻止核心自体被完全淹没。唯一能够把大海挡回去的力量是神所拥有的，就像玛莎熟悉的宗教故事所讲述的那样。

最终，玛莎的无意识夸大性在她的工作上受到了考验。她前来接受治疗是因为她处在一种恐慌状态中，想要知道如何解决她对自己的工作越来越多的憎恨。她的工作是为公司的利益充当政治说客，以及她对丈夫，一个成功的公司执行官

的目标与价值观日益增加的憎恶。她已经在这自己基本上持反对意见的事情上挣扎了多年,关于使用核能的越来越多的冲突,以及它对环境的危害,这让她清楚地意识到,自己更愿意在废除核能或者至少是严格限制核能方面工作,而不是为了核能的扩张而工作。她丈夫的公司支持对核能的全面利用,包括在战争中使用核武器,如果有这个必要的话。尽管玛莎努力尝试,不让她对这些政治问题最深刻的感受和观点与她的职业表现相联系,也不让他的丈夫发觉,但是,她发现自己越来越难在性方面热情地回应他的丈夫,更多只是职责上的顺从。让她的生活变得更为复杂的是,她发现自己越来越被吉姆(Jim)所吸引——一个比她小几岁的男人,他在一个反核能联盟中资历颇深,是其中的积极活动分子。

事实上,她已经跨出了对她而言最为危险的一步,就是袒露她真实的感受,她对于核能工业化扩张很恐惧,更不用说她对于核战争的恐惧了。特别是她欣赏吉姆能够完全投入到他所相信的价值观中,无论要为之付出多少代价。

治疗师面对着玛莎生活中面临的职业与婚姻上的危机,感觉到其中涉及一个更为深层的核心自体危机,当然,如果玛莎此时想要跟随自己的感觉和价值观,那将是对她的生活进行全面的重组。当治疗师问玛莎,她自己想要做什么,她似乎怔住了。

"但这正是问题的关键!"她喘息着,"从来没有人问过我真正想要做什么。"每个人,甚至吉姆,都假设她会同意或者赞成他们的想法。正是这些假设让她灰心丧气,甚至是对她真的仰慕的人。她绝望地想要有人对她说:"好吧,你真正想要的是什么呢?"治疗师是她记忆中第一个这么问她的人。在下一次面谈中,玛莎给了治疗师一个礼物,她再一次梦见了关于她早期自体状态的,在海底经历海啸的梦。

拯救核心自体

在这第二个自体状态的梦中,可以观察到海啸在远处,远远地在大海的中

第8章 创伤状态：过多、过少或是错误的反应
8 Traumatic States: Too Much, Too Little, or the Wrong Responsiveness

央。玛莎此时正处在治疗中的情绪波动点，她穿着衣服冲进大海中，去拯救一个在水中玩耍的小女孩，没有注意到海啸。玛莎身后是一个年轻的男人，试图赶上她，好帮她一起救这个孩子。除了在远处的海啸，海水很平静，天气也很好。

起初，玛莎对这个梦似乎相当困惑。她对于想要帮助她去救女孩的年轻人的联想是，他让她想到了吉姆，那个年轻的吸引着她的活动家，"不过梦里的男人有一头金发，但吉姆的头发是深色的。"玛莎沉思道。然后她微笑着说道："不过，当然！你（指治疗师）是金发的！而且我对昨天的治疗感觉非常好！你似乎真的关心我想要的和我现在想做的事。即使是吉姆，他也是把我朝他想要的方向推动着。"她的声音有些迟疑，听起来很消沉。

治疗师想知道，玛莎梦中的那个小女孩是不是代表着她的自体，在发展中被抑制的某个阶段（Stolorow & Lachmann，1980），治疗师还想知道，玛莎所体验到的，她在先前的治疗中对玛莎想要做的事情的共情性关心（关心她脆弱的自体状态）已经开启了一种可能，玛莎可能开始将她内化为一个好的自体客体。治疗师注意到，梦中的海啸仍然具有威胁性，但是在远处，象征着她新的自体状态与她在开始治疗时曾提到过的童年梦境的联系。

这个梦仍然反映出了玛莎不可避免的对于潜在的自体客体的不信任，还反映出了玛莎早期的信念，她只能信任自己，为了安全地活在一个海啸的世界中，她自己必须是全能的。这是一个象征，治疗师认为，在梦中，玛莎冲进了海里去拯救小女孩，甚至还有潜在的好的自体客体——由金发表达出来的，吉姆和治疗师的联合体——追在玛莎的夸大性自体的身后，努力营救孩子。治疗师想，在梦里还是有一个潜在的共情的帮助者以吉姆的形象出现，海啸象征着被过度刺激吞没和自体破碎的威胁，与她童年时一再出现的自己处在海底的梦境相比，现在的海啸是在远处的。治疗师想知道那个孩子几岁，也许这会透露一些线索，通过需要营救的孩子的年龄来推断她的发展遭到抑制的时间。

当治疗师在听玛莎最开始讲述对梦境的联想时，这些念头闪过她的脑海，最后她想到了玛莎在前一天的治疗中与她建立的联接，将她作为潜在的好的自体客

体。治疗师说道:"我在想你梦里想要去营救的那个小女孩。你觉得她几岁了?"

在听到这个问题时,玛莎的脸迅即亮了起来,说道:"她大概7岁。"然后她补充道,脸上带着震惊的表情:"哦,我的天哪!就是那年夏天,妈妈带我们全家去了大西洋城!我差一点儿淹死在大西洋城里。那就是海啸的意思!我感到像是一阵海啸。我当时非常害怕……我沉了下去,以为自己要淹死了。哦,我的天哪!他们怎么能让那样的事情发生在我身上?"她开始时先是无声地抽泣着,然后喘气声越来越大。"他们真的不在意。我只是他们争吵的话题。他们只能想到自己,从来不会想到我!我猜当时我反正也想要去死了,我感到那么地孤独……"

治疗师很震惊,她意识到病人第一个自体状态的海啸梦境,不仅源于被非共情照料所压抑的夸大性自给自足感,而且是一个源自同样冷漠的环境中的真实的死亡冲击。治疗师温柔地说道:"对你而言这是多么可怕呀!你是被一阵海浪击倒的吗?"

玛莎点点头,深深吸了口气,相当平静地说道,话语中甚至带着一点幽默:"我是个喜欢避暑小屋的孩子。我们过去常会去一个离镇子三十多千米远的小湖避暑。我很喜欢那里的湖水,而且我是家里唯一一个会一点儿游泳的人。我对此有些得意,当我妈妈带我们去大西洋城的海边时,我想,那只是一个大一点的湖泊。她就让我直接跑进了海里,没有警告我海浪的事,她很快就在海滩上认识了一个朋友,并且打成一片。"

治疗师对这种忽视感到非常惊讶,说道:"她就让你独自一个人跑进了大西洋的海水里,而且没有看着你?"

玛莎点点头。治疗师还是有些不能相信,于是问道:"但是你的外公外婆,还有你的阿姨呢?他们当时在哪里?"

玛莎冷冷地笑道:"嗯,我的外婆一直对食物很着迷,所以她正忙着取出午餐。而我的阿姨要么跟着我的母亲一起,要么就是自己也在海滩上与陌生人搭讪。不要误解我的意思,我不是说她在找男人搭讪,尽管有时候确实是男人。但大部分情况下是找其他女人高谈阔论。"

第8章 创伤状态：过多、过少或是错误的反应
8 Traumatic States: Too Much, Too Little, or the Wrong Responsiveness

治疗师越来越清楚地意识到，玛莎既没有得到最低程度的危险警告，也没有得到对其成就的足够镜映，比如她会在海里游泳这件事。所以她说道："我原本以为他们所有人都会想要看看你在海里游泳，因为他们都不会游泳，即使他们没有足够的意识，不知道那样做很危险。"

玛莎耸了耸肩，说道："嗯，他们确实总会谈论我的成就，但是从来不是和我在一起的时候谈，也不会为了表扬我而谈论那些事情。其他人，朋友们和陌生人，他们总是排在我前面。那一天我得到了关注，我的身体被海浪卷起，撞到了海边的石头上。我的头撞在一块岩石上，并且开始流血。但是我的鼻子和喉咙里都是咸咸的海水，所以一句话也说不出来，更别说尖叫了。但是有一个很好的救生员向我跑来，看见了我头上的血，他抱起我，问我父母在哪里，我指向母亲所在的方向。他把我抱过去，花了很长时间让她停止聊天，好去听他的问题，他问她：'这是你女儿吗？'她看了我一眼，尖声叫道：'我的宝贝，你对自己做了些什么呀？'然后试图把我从救生员手上抓过去。他没有松开我，说道：'我们最好还是带她去休息室。那里有个护士，可以帮她包扎一下头部的伤口。'他带我去护士那里，母亲则在尖声叫嚷，哭诉着我对自己做了些什么，为什么我没有更小心些，还有她再也不会让我去游泳了。

玛莎深深地叹了口气，然后继续说道："我头上的伤口不需要缝针，但是我猜，我当时很希望他们把我母亲的嘴缝起来！她竭尽全力地表现，得到了所有人的注意，再没有人抽出空来问我这一切是怎么发生的。但是在这个暑假剩下的日子里，他们不许我再去游泳了，因为我太'粗心大意'。"

治疗师认识到，海啸的图像不仅代表着一次可怕的身体创伤，还代表了一次难以忘怀的母亲不去同调她的体验。她轻声说道："这些对你来说都很可怕。你怎么会被抛到海滩上的？"玛莎冰冷地说道："嗯，我习惯了走到湖中，没入水里开始游泳。海浪对我来说太快了。一阵海浪就那么把我卷起来，扔回到海滩上。但是那次对于自然界原始力量的体验实在太可怕了！当那阵巨浪冲到我的时候，我感到自己就要死了。我想我是先晕了过去，然后再撞在海滩边的石头上。

但是后来我再也没有去过海里。"

治疗师又说道："而且很自然地，你再也不会让自己进入那样的场景了，无论是身体上的还是心理上的，那种你无法保护自己不受各种偶发事件伤害的场合，包括让自己去需要一个人，而那个人并不真的关心你。"

玛莎若有所思地点点头，说道："那就是我不放心吉姆的原因。他真的希望我得到自己想要的东西吗？我不想事后发现他和我的丈夫是一样的。"

"而且很自然地，你并没有感到自己可以完全依靠我，帮你理解自己想要的是什么。"治疗师补充道。

玛莎微笑着，脸上流露出渴望的神情，说道："好吧，我注意到自己会比一个真的很有安全感的病人要更谨慎些。但是我认为我们真的已经开始一起涉水了。而对我来说，这是一次很大的冒险！"

负面的治疗反应

由于负面治疗反应被认为是治疗师所能遇到的与病人之间最难解的僵局，因此在这一章节中纳入这个部分似乎相当合适，因为这样的情况常会在治疗师身上造成日益加剧的创伤状态。

弗洛伊德（Freud，1918）似乎第一次被这样一种状态所驱使，为一个病人设置了结案时间，那位病人即是狼人（the Wolf Man），他不仅对积极参与分析表现得很冷漠，每当弗洛伊德似乎澄清了某些事情时，他还会表现出症状恶化的负面反应。首先，设置结案时间似乎让狼人克服了自己对于疾病的固着，于是为弗洛伊德提供了所有他所需要的材料，去理解病人的婴儿化神经症。然而，正如我们可能还记得的，狼人回到维也纳，俨然是一个经历了俄罗斯革命后贫穷而且功能不良的人，不仅要求弗洛伊德，还有鲁斯·马克·布鲁斯威克（Ruth Mack Brunswick）对他进行进一步的治疗。

"悲痛和忧郁"（1917），以及自我贬损和因忧郁而导致的自我剥夺，让弗洛

第8章 创伤状态：过多、过少或是错误的反应
8 Traumatic States: Too Much, Too Little, or the Wrong Responsiveness

伊德最终在《自我和本我》（*The Ego and the Id*，1923）一书中形成了对于负面治疗反应的刻画，他在书中指出，当分析师在治疗过程中指出病人的进步后，病人的情况会进一步恶化。他承认，一开始，治疗师可能会认为病人的这种反应是一种蔑视，或是企图以此证明他们比分析师更高超。但是，分析师随后会开始相信，赞扬和欣赏真的会抵消治疗的效果。病人的表现被称之为"负面治疗反应"，这"是病人康复过程中最强有力的阻碍，比我们所熟悉的自恋性的难以企及（narcissistic inaccessibility）更为强大，是一种对医生的负面态度，病人会紧紧抓住疾病带来的好处。"（Freud，1961，p.49）。弗洛伊德总结到，分析师处理的是病人的罪疚感，病人需要通过承受痛苦来惩罚自己。但是就病人而言，"他没有感受到罪疚，他感受到的是疾病……他坚持认为……分析师的方法不适合自己的情况"（Freud，1961，pp.49-50）。

布兰德沙夫特在《负面治疗反应与自体心理学的否定论》（*The negativism of the negative therapeutic reaction and the psychology of the self*；Brandschaft，1983）一书中指出，弗洛伊德在他的治疗中总结并强调，病人罪疚感的根源是其压抑的无意识冲动，甚至当病人的罪疚感是在意识层面的，以强迫性神经症和受虐狂为其表现形式时也是一样。布兰德沙夫特后来总结道，病人感到罪疚往往是分析师所坚持认为的，即病人对某件事感觉"很糟糕"，这唤起了一种无助感，导致了负面治疗反应，甚至导致病人出现了边缘性症状特有的退化性产物（Brandschaft & Stolorow，1984）。

除了无意识罪疚感，布兰德沙夫特还总结了其他导致负面治疗反应的途径，包括亚伯拉罕（Abraham，1919）对于自恋性阻抗的关注，比如倾向于"对在精神分析中建立的任何事实都感到羞耻"；利维尔（Riviere，1936）关于无意识抑郁、躁狂、病人需要全面控制分析师的理念；奥林尼克（Olinick，1964）害怕个人对爱的客体最初的认同会导致自体的丧失；以及阿施（Asch，1976）运用马勒的发展模式理论，包括害怕与一个很有占有欲的母亲分离。布兰德沙夫特（Brandschaft，1983）还引用了弗洛伊德后来对负面治疗反应的思考和评论（1933，新介绍性讲

座，New Introductory Lectures），这些评论是整个精神分析超心理学兴起的肇始：

> 我们最初的目的，当然，是为了理解人类心灵的障碍，因为一个惊人的经历已经向人们展示出，理解与治愈几乎同时发生了，彼此之间有着可以互相穿越的通道。（p. 145）

布兰德沙夫特提出，弗洛伊德的陈述暗示着"负面治疗反应的源头并不完全是病人内心'需要失败'，而是因为未能理解病人与治疗师之间的互动"（p. 337），这预示着自体心理学的出现。

他注意到病人在接近结案时会表现出抑郁，这并不意味着一定是病人持续的无意识罪疚，而是治疗师这方面的失败，"未能注意到病人首要的自恋性障碍及其具有缺陷的核心自体"（p. 347）。这让布兰德沙夫特意识到"我在每个病人身上所追求的目标，与病人自己想要追求的是不相容的"（p. 347）。他得出一个结论，当他的目标与病人的目标不协调时，他必须放弃自己的目标，并且"不再坚持认为在病人的反对中，他们正在同时打败他们自己和我"（p. 348）。他引用了一个对他的分析接受度很高的女性病人的话："我要跟你讲清楚的第一件事情，就是你对我的看法对我来说有多么重要……我无法不同意你的看法，因为我很害怕更糟糕的后果——就是你会觉得我在阻抗，而我是那么地想要与你合作。所以我努力按照你所说的去看、去做、去运用你的方法"（p. 348）。但是当治疗师做出许多解释时，她的感觉就好像再一次遇到了自己的父亲，她曾经向他寻求支持来发展可靠的自尊，而他却常说："把这孩子退回商店，再买个新的来！"

从她开始接受治疗起，这个女病人，卡罗琳（Caroline），就表现出边缘性特点和偏执的不信任（Brandchaft & Stolorow, 1984b），并且在"由她脆弱的、有破碎倾向的自体和一个失败的古老自体客体组成的主体间领域"（p. 355）表现得越来越严重。这些特点持续存在，并且"在新的、精神分析情形下的主体间领域中"常常有所增强，治疗师不可靠的反应表现和错误的解释姿态无意中触发了

第8章 创伤状态：过多、过少或是错误的反应
8 Traumatic States: Too Much, Too Little, or the Wrong Responsiveness

她的自体破碎。在她的婚姻与分析中重复出现的是"她最初的自体客体带来的创伤性失败"。卡罗琳通过成为她母亲的自体客体来努力尝试处理这些失败，后来，她的分析师催促她去做在她看来是要求她去做的事。当分析师逐渐能够共情地理解卡罗琳的古老的主观状态，卡罗琳就开始能够与他建立起她所想要的特定的自体客体关系。然后，她的"边缘性"症状就消失了。

负面治疗反应以及（或者）退化性的边缘性症状，从一个自体心理学的视角来看，似乎来自于治疗师未能共情地理解病人独特的自体客体需要。这种主体间领域涉及到"一个不稳定的、脆弱的自体和一个失败的古老自体客体"（Brandschaft & Stolorow，1984b，p.356），科胡特在一个男性个案中戏剧性地描述过这个内容，这位病人在多位分析师那里经历了几次"失败的"分析之后来寻求治疗。当负面治疗反应出现时，科胡特受到病人剧烈的攻击。他对病人最终成功地进行了治疗，因为他发现自己必须要学着"从病人的角度来看待事物，而不是完全以自己的视角"（p.182）。通过几乎是完全沉浸在病人的感受中，科胡特得以回转了弗洛伊德对这些个案终将失败的灰暗预言。

共情，看起来似乎是有效治疗在这一章节中所列举的创伤状态的关键。不论是治疗师的共情反应对病人产生了过度刺激，让病人感到大受冲击，唤起了他的焦虑，从而退化到保护自己、避免自体破碎的状态，还是对治疗师的任何成为其自体客体的企图树立起一道对抗的高墙（负面治疗反应），治疗师必须通过贴近其体验的共情，基于病人自己的个人史去想象对他而言会是什么样的感受，以及因此他此刻需要从治疗师这里得到什么。只有通过这种方法，治疗师才更有机会成为病人长久以来期待着的好的自体客体，甚至对于那些看似具有非常严重的病理情况的个案也是一样。

# 第九章
特殊人群

治疗虐待儿童的人

案例简述

治疗老年人

案例简述之一

案例简述之二

团体和老年人

晚年：一个转型的年龄阶段

正如我们在整本书中所阐述的，自体心理学为那些忍受着发展过程受到抑制——也许甚至还有边缘性症状和精神病性症状的病人——带来了比过去所有的心理治疗方法更为有效的疗法。我们认为，自体心理学还帮助那些难以治疗的病人达到了一种更为舒适的存在状态。显然，在这一章中，我们不可能考虑到所有这样特殊的人群，所以我们选择了两类——虐待儿童的人和老年人。

我们相信，基于我们的经验和观察，如果有人问心理治疗师，他们是否有兴趣与这两类特殊人群一起工作，也许绝大部分的人都会说："如果我一定要这么做的话，我会去做的，但是我希望不要。和他们一起工作太难了！真的存在持久改变的可能吗？我喜欢和那些有机会变得更好，或者更有可能'康复'的人一起工作。"

我们现在就将检视，自体心理学模式是如何使这样的病人发生结构性改变的，以及治疗师对有效性的感受。

治疗虐待儿童的人

在这个国家中（指美国），对儿童施加身体上的虐待的程度令人震惊，而且相对而言，人们对其了解得不多。具体数据尚不明确，主要来自于治疗明显受到虐待的儿童的医生和医院的报告。这些报告往往缺乏来自父母的可靠查证，父母倾向于归因于其他缘由，或者责怪孩子，而不会去承认自己伤害了孩子，或者承认自己没有足够及时地提供有效的缓解手段，比如，孩子因为事故而造成的骨折没有得到及时、妥善的治疗。

即使是从共情的自体心理学的视角来看，最难治疗的病人之一，鉴于治疗师自己的反应，可能就是虐待儿童的人，特别是孩子的父母。治疗师所面对的情况是，施虐的父母对于自己不能像控制自己的身体部件一样控制孩子、孩子不知道父母真正想要的是什么等情况而产生的自恋性暴怒。即使这些在现在听起来相当陈腐，父母的施虐行为与婴儿所爆发出来的无助感是一样的：怎么才能让另一个人，或是这个世界去做我想要他们做的事情。我们假设，这种无助感等同于自尊的崩溃，自体的瓦解，于是个体必须采取看似必要的绝望的手段来加以修复。不幸的是，那些绝望的手段常常是以虐待儿童的形式来实施。因此，从自体心理学的视角来看，就要求治疗师对迫害者做出共情的反应，几乎就像是要去理解这个施虐者也曾经如他的孩子那样受到过伤害。

案例简述

以下这个案例[1]展示出，治疗师通过对父母伤痛的共情，如何能够减少他对孩子的攻击性。

施虐的母亲没有得到过真正的镜映

有一位同事开始了对苏珊（Susan. A）的治疗，她对于被忽视的、施虐的母亲的治疗有广泛的经验。这位治疗师使用的是自体心理学的方法，她开始意识到，虐待儿童的母亲常常是自身没有从父母那里得到过赞赏，没有体验过镜映的愉悦的女性。因此，她们会从自己的孩子身上去寻求这迟来的、她们极度需要的认同和欣赏。

治疗师在本书资深作者两周一次的研讨会上报告了这个案例，她强调，只要孩子提供了母亲所需要的欣赏，她就能维持自己的自尊。当孩子未能提供赞赏，伴随着内在的断裂感，即自体破碎，母亲会爆发出自恋性暴怒。于是母子/母女关系便会恶化为可怕的儿童虐待。鉴于母亲这方面，在她还是个孩子的时候经历的早期剥夺，以及她的孩子可能没有对她做出可靠的反应，治疗师会发现，母亲这种得到肯定的需求通常会转移到治疗师身上。

苏珊是一个有魅力的单亲母亲，27岁。她的抱怨以及她前来接受治疗的原因是，她很难管教好自己8岁大的儿子。她把他的行为描述为"抗拒而挑衅。他就是不愿意听我的话。每件事都变作一次权力斗争，而我也不能确定究竟谁说了算。我对他在学校的表现也很震惊。他就是达不到自己的潜力所在，而我不知道该怎么办。"

苏珊继续告诉治疗师，如果儿子的作业"没有达到他的正常水平"，她就不想在儿子的作业上面签字。她强调："他必须做得更好。这太让人生气了！"

脆弱的自我价值感导致施虐

在治疗中，治疗师越来越清楚地发现，苏珊需要持续地从她8岁的儿子那里获得欣赏，以此作为支持她脆弱的自我价值感的方式。当她儿子反对她，或是她感到自己受到了羞辱，她就不能控制自己，这会导致她动手打儿子。

苏珊向治疗师描述了一件事情，她说一次她的现任男友在她家里，她叫儿子去洗澡，儿子做了消极的回应，并且出言不逊。她感到自己在男朋友面前被轻视和羞辱了。她想也没想，就扑向儿子开始揍他。她感到又惊又怕，后来向治疗师说道，她当时根本没有意识到自己在打儿子时是多么野蛮。

他脸上和身上的淤青毫无疑问地表明他被人打过了，所以苏珊让他待在家里，不要去上学。她不想让其他人知道她做了什么。苏珊在治疗中告诉治疗师，这件事情让她黯然地意识到，是她自己灰心丧气的自体导致了攻击行为。

如果治疗师采用的是传统模式，那么可能会把病人与儿子持续的冲突理解为病人"孩子气依赖"需要的结果。然而，治疗师对自体心理学的了解根基深厚，她意识到病人极为需要共情性的理解；因此，她的许多评论都是以满足病人的这一需要为主旨来表达的。比如，治疗师告诉苏珊，她意识到苏珊是多么地需要得到儿子的尊重和服从，如果她感到自己没有得到儿子恰当的承认，这会让她感到脆弱、无助，并且由此而导致暴怒。治疗师还提出一种可能性，即这次因洗澡而起的争执，可能在她的感受上很像是对过去的重复，这也就可以解释为什么她对儿子的反应会如此强烈。

对于共情性回应的需要

治疗师告诉我们她对苏珊的感受:"我能理解,她的爆发并不是因为挫败,而是出于她自己对于被共情回应的需要。只有当她感到别人对她的回应中带着理解,她才能相信自己被接纳了,并且自己是一个人,没有被排除到人类的范畴之外。"她继续说道,病人一开始没有能够告诉治疗师自己虐待儿子的事情,是因为她感到这些事情非常不光彩。

治疗师说道:"直到我向她证明我的共情态度,她才能够相信我会把她看作一个值得好好对待的人,我能够倾听这些事情,而且不会排斥她,相信我会表达出对她的耻辱和绝望的关心。"治疗师所采用的方法中最基本的,也最能体现治疗性价值的,是她对病人未经满足的镜映需要的理解以及肯定,她没有在道德层面排斥病人所表达出来的不成熟和让人难以接受的行为。

表达攻击性,是增强自体反映的需要

治疗师的立场是向病人讲清,她能理解病人在承认自己令人难以接受的方面时所感受到的困难。治疗师强调,当与治疗师在一起时,病人能感觉到自己的连续性,相反,当病人体验到令她震惊的失望时,她会感到断裂,即无法继续自己的连续性,对于这些,病人本来并没有指望有人能理解。

治疗师没有去处理苏珊对内在冲突的防御,而是聚焦于她的心理结构在发展中出现的缺口,正是这些缺口阻碍了她发展出一个稳定的内聚性自体。治疗师的解释也没有聚焦于苏珊的愤怒反应所暗示出的她不能调和内心好的与坏的客体表象。基于她运用自体心理学的经验,治疗师相信,这样的解释没有考虑到病人真正的问题,也没有顾及这些冲突对病人自尊的损害。治疗师感到,真正重要的事情并不涉及对于客体爱的争夺，正如她所指出的，而在于需要一种"自体增强反映（self-enhancing reflection）：被赞许地、欣赏地注视，以及带着这样的自我证实，进一步坚定地发展自己存在的核心。"

以下浓缩的片段选自治疗师在研讨会上的演讲，说明了苏珊的自体客体需要在治疗过程中显现和演变的过程：

病人对治疗心存疑虑，在一开始时没有谈论自己的想法和体验。苏珊特别不愿意讨论创造性的体验，比如尝试写作，害怕这会让人觉得可笑。然而，当她确实写了一些东西后，她看起来明显因为治疗师对它们感兴趣而高兴。从来没有人重视过她的这些追求，她一开始对这些关注感到很惊喜，并大声地表示："过去从来没有人这样倾听过我说话。"很快，她在前来治疗时带了一本杂志给治疗师，这本杂志她保存了很久。治疗师对这本美丽的合订刊表示了欣赏。病人很享受这种反应。病人唤起了治疗师的认可和肯定，在这个过程中，病人体验治疗师的方式发生了一个很重要的转变。病人再次产生了对镜映功能的需要，以此实现了对于自体的强化！

从自体心理学的视角来看，苏珊对批评和反对的预期又为治疗师提供了更为瞩目的证据，说明她极其需要一个更让她感到安慰的、有反应的自体客体。考虑到病人对治疗师的预期，这说明在童年的记忆中，她曾经向母亲寻求过安慰，但得到的尽是伤人的、耻辱的回应。这使她把重点转移到努力取悦母亲、让她高兴，不去惹她不安。

苏珊在她过去的人生经验中几乎没有体验过共情反应，治疗师对她的共情反应帮助她可以去共情自己小时候的那个孤独的小女孩，而不是她母亲告诉她的，她是一个坚强的、自给自足的孩子。在她孩提时代，她大多数时候都没有得到镜映，她找到了一种稳定的方式，来屏蔽死一样的感觉和破碎的感受。通过治疗师的治疗模式与她对苏珊的敏感性，病人易于破碎的自体状态、暴怒，以及通过原始性欲化的反应来建立自体修复的情况减少了。苏珊最终获得了足够的自信，对孩子的依赖大大减少，不再将其视为自己自恋的延伸，也减少了她对儿子的虐待行为。

治疗师强调，与强调对孩子的忽视，以及亲子关系中固有的、不适应、不恰当的互动模式相比，自体心理学的模式似乎能够带来更为建设性的、持久的效果。她感到，对前者的强调往往会忽视父母确实存在的自体客体需要，而不是他们童年时代的，没有得到解决的"依赖"固着。

治疗师如果能理解这种强烈的、普遍的自体客体需要，它在病人的自体产生破碎感时会重新出现，起到支撑的作用，这会让治疗师对这种原始的自恋态度产生更高的包容度，也可以加深治疗师对于病人主要困扰严重程度的理解。反过来，这也可能导致更多的治疗师愿意，同时也能够与被指为施虐的父母一起工作，正如我们所强调的，在这个过程中，治疗师采取共情的态度比站在道德的高度更能起到效果。

治疗师与这样一个被人们认为很难合作，而且总想避免与其合作的人群一起工作的能力，或许是另一个为自体心理学加分之处，同时也帮助治疗师找到了一种可以用来持续地探索自我的，更新、更有创造性的方式。

治疗老年人

事实上，近期《科学时代》（*Science Times*；*The New York Times*，7月30日，1985）的标题写的是老年人的大脑具有未经实现的潜能，如果处在真正丰富的环境中，还可以继续成长。老年人的大脑这种"与其他细胞建立新的联结"（p. C-1）的能力令人兴奋，它甚至可以通过后来丰富的学习补偿早期的缺陷，这突显出老年人拥有的广阔前景，而这在自体心理学中也早有论述（见本书导论）。

与这振奋人心的发现形成鲜明对比的是一些暗淡的数据，表明现有的、能够提供给老年人的心理服务与资源尚待开发。同时,在自杀人群中,年龄在 65 岁以上的老年人所占的比例至少达到了 25%。令人难过的是,老年人在精神病院的住院率高得不成比例,而他们的门诊服务使用率却相当低(Sargent,1982)。

就像对那些虐待儿童的父母一样,在我们看来,使用那种较传统的精神分析模式来治疗老年人,似乎这往往只会强化他们的无助感和负罪感,而并不能促进他们使自己活得更满足的能力。此外,在我们得到的关于与老年人一起工作的实际经验报告中,有一些老年人表现出不愿放弃追寻一种更令人满意的生活,这令我们深信,在许多治疗师的心里有一种根深蒂固的想法,如果是无意识的话,就是不愿意去治疗老年人。直至今日,在我们的领域中与自己的同龄人一起工作的治疗师也屈指可数,更不用说与年长的人一起工作了。或许这是由于治疗师自身的古老夸大性,他们需要有一种全能感,使用手术刀式的方法来完全去除病人的"神经症"!坐在一个六十多岁、七十多岁,甚至八十多岁的病人面前,病人有着漫长的生活史和一层又一层的复杂问题,这可能是此类治疗师想要避免的冒犯,即治疗师没有能力去接纳限制,在生命质量的框架下工作,而不是只考虑活下去的年数。用自体心理学的术语来说,这是我们对于治疗师所拥有的夸大性自体的概念,治疗师具有对任何令人失望的事物的自恋性暴怒,这可能是他们治疗老年病人的阻碍。那么,基于无数病人自我报告的情况,老年人会去寻求"立即治愈"的医学治疗,即服用药物,而不是去寻找一种更花时间、以过程为导向的方式,比如,心理治疗,这还有什么可奇怪的吗?

案例简述之一

不考虑所有对于治疗老年人的有效性的保留意见,让我们看看一个真实的案例。病人艾米(Amy G.)是一个 83 岁的老太太,住在社区中。她在 20 年前因为抑郁有一小段住院的经历。她 8 年前成为了一个寡妇,现在因为抑郁再次发作而寻求心理治疗。她的目的很简单,就是"比我现在感觉更好些,更快乐些"。就像许多老年人一样，主动寻求帮助对这位病人来说并不容易，这在以下的对话中有所体现。

病人：我不得不寻求帮助，对此我感到羞耻而且尴尬。我讨厌这样。

治疗师（尝试对她共情）：我能够理解，对于像你这样独立的一个人，要去寻求帮助是多么不容易。但是或许我们可以一起想一想，现在你的生活中缺少些什么，然后看看能做些什么。

病人：好像没什么事——都是那么琐碎、那么不起眼。我甚至不知道自己是不是应该讲。

治疗师：那些对你来说一定是很重要的，不然它们不会进入你的心里，让你感到抑郁。你知道，你的每一种感觉、每一个想法，可能都会和你持续的幸福感有关。

请注意，治疗师在此小心地避开了传统的释义方式，如将注意力集中于病人的阻抗、对治疗师的愤怒，或是对压力的反向形成，或者病人以感觉自己不重要来否认自己夸张的暴露癖需要。显然，治疗师采用的是自体心理学模式。

病人：我似乎不能以我自己想要的方式来管好自己的生活。比如，当我等的公交车到了，我必须要请司机把车停在靠近路边的地方，这样我才能跨上车，那时每个人都会看着我。就算他这样做了，大部分人都会照我说的做，我走进公交车的时候也已经累得气喘吁吁了。那时，我身边的有些人会起身让座，每个人都盯着我这个老太太看。

治疗师（同调于自体心理学模式中的夸大性自体，以及它对任何自体的不完美与局限性的暴怒）：嗯，我能理解当其他人试图向你提供帮助时，你可能会对他们感到憎恶，因为你一直觉得自己应该能够处理好自己的任何事情。

病人（似乎很高兴，也很惊喜）：是的，嗯，我猜我一直觉得自己应该可以依靠自己。然而，我知道有很多年，我做的是我认为其他人想要我去做的事——一开始是我的姐姐和父母，然后就是乔治，我的丈夫。

这里，治疗师既没有聚焦于具体的、以现实为基础的问题，即这位老太太在出现真实困难的场合中需要去自取所需，也没有聚焦于她对这种需要的防御，治疗师考虑的是更深层的、夸大性自体的无意识要求，它对不完美的零容忍，包括那些隐含着衰老的问题。治疗师对任何年龄的病人的目标，都是去建立一个更为内聚性的自体。在预计中，通过这种建立以及对治疗师的内化，病人不仅可以发展出获得更成功的生活所必需的结构，还有可能获得她从来没有从她那总是很忙、似乎很冷漠的父母，以及后来的，她那要求很高的丈夫那里得到过的镜映。

治疗师在后来的面谈中发现，艾米不仅会写质量相当高的诗，还会写一些生动的剧本，治疗师鼓励她把作品带到咨询室来，读给她听，在有几次治疗中，她确实这样做了。也是在这一时刻，她表达出自己想要出版作品的愿望，还参加了她所在的老年中心的一个写作班，在班里，同伴们常把她称赞为最出色的写作者和诗人之一。治疗师作为病人的自体客体，鼓励她健康的抱负心和展示欲，并且注意到病人大量地减少了对于障碍和限制的抱怨，而且更多地谈到了与抱负心有关的想法。比如，病人会说："我想要写一本书！我想我会去写的！"当艾米能够以一种持续的方式开发她的写作能力，她的抑郁得到了缓解，因为她知道自己有一个欣赏她的听众。

我们在这里考虑的是抱负心，或许甚至是一个在 83 岁高龄浮现出来的夸大性自体。但是为什么不呢？甚至在我们这个看似以年龄分层，更推崇年轻的社会中，当谈到诺贝尔奖获得者、主要政府部门领导（包括我们的政府），以及对老年艺术家的崇拜时，我们依然会惊讶地发现人们对老年人的认可，比如，毕加索、夏加尔*，还有埃莉诺·罗斯福**以及一些女权主义的领导者们。尽管如此，在我们的世界中，老年人，尤其是年长的女性，却常常被非常明确的言辞所废黜、去性别化，以及被排斥。

老年人不去寻求心理治疗，因为我们几乎不鼓励人们在年过60之后再去做什么改变，这是事实。此外，人们对诱人的摇椅和镇静剂似乎也越来越不尊敬。就我们自己的经验，人在晚年可能会出现各种形式的创造性：在艺术、科学和政治方面；或者在经历早期的丧失与失望之后发现新的自体客体。当一个人有了一个同调的自体客体，就更可能发展出稳定的自尊，在这个基础上，也更易于出现一个"新的"、更为内聚性的自体，这个同调的自体客体最开始时是治疗师，后来延伸到其他适合的对象上。此外，正如我们已经指出的，发现未知的才能能够拓展老年人的世界，对年轻人来说亦是如此。让我们再来看一个例子，以说明老年人成功发现一个新的自体客体的可能。

案例简述之二

吉姆（Jim B.）前来接受治疗时84岁。这代表着坚持的胜利，因为已经有几家心理治疗机构因为他的年龄而拒绝了他。吉姆表现出来的症状是感到无望和抑郁，他认为这和他妻子3年前过世有关，在此之前，他们已经结婚51年了。从早上醒来开始，他一整天都会觉得自己不配活着，并且会强迫性地通过外出来缓解他的绝望。另一个症状，他追述到了自己4岁的时候，他强迫性地需要回避小刀、腰带和领带，因为他害怕自己会被迫伤害自己。比如，他会穿吊带裤和领结（如果有戴领带的要求的话）。至于小刀，他会想办法不把刀尖对着自己。

他的治疗目标是"好受些"。他过着孤独的生活，和另一个老人同住一间公

---

* 马克·夏加尔（Marc Chagall，1887—1985）。他是现代绘画史上的伟人，游离于印象派、立体派、抽象表现主义等一切流派的牧歌作者。——译者注
** 安娜·埃莉诺·罗斯福（Anna Eleanor Roosevelt，1884—1962），美国第32任总统富兰克林·德拉诺·罗斯福的妻子。——译者注

寓，但是那个人极少住在那里。吉姆兼职做信差的工作，一直提前到岗，只是因为他很孤独。

吉姆最亲近的一个亲戚是他的侄子，就是他侄子介绍他来做治疗的。他结婚后没有孩子，和妻子有着一种共生的色彩。他和妻子开过各种零售商店，直到她因为患上了帕金森综合症而无法工作。她病了15年之后去世，在妻子生病期间，他不知疲倦地照顾着她。

吉姆有一个孪生兄弟，还有两个哥哥，都在几年前过世了。他出生于波兰农村，在4岁时，父亲离开家去了美国，想多赚点钱，并且在美国为他们安了一个家。他最终在11年后把全家人带到了美国。吉姆回忆起那些悲伤的清晨，他、他的母亲，还有他的兄弟们会向着大海眺望，而母亲则会痛斥父亲撇下他们。这段回忆让治疗师假设，病人对父亲的离开有着矛盾的体验，既是父亲对他们的抛弃，又是俄狄浦斯竞争病理性解决的后果。他的父亲未能成为其理想化的自体客体，即吉姆借以强化其双极自体的那个人。治疗师聚焦到这一点上，并将其与病人记忆中父亲在自己青少年时不关心及不欢迎的态度相联系。在吉姆的记忆中，父亲拒绝为他买一支冰激凌蛋筒，那时他15岁，初到美国。治疗师将这次拒绝与他4岁时的抛弃进行了连接。

治疗最初聚焦于努力缓解吉姆的无望感和无价值感，主要通过两种方式：①消除自我攻击，认识到这是病理性父子关系的结果，而不是因为病人的内在驱力（Kohut，1982）；②通过共情提升吉姆的自尊，把治疗师内化为其好的自体客体（Kohut & Wolf，1978）。于是，治疗师开始争取帮助吉姆理解他对母亲、父亲和妻子的矛盾情感，所有这些人都让他感到自己被抛弃了。治疗师提醒吉姆，一个人可以对另一个他爱的人强加给他的艰辛感到愤怒，而不一定会完全地撤回自己的爱。他没等治疗师解释，就接纳了那看起来积极的俄狄浦斯移情，还有他热情的反应："如果我能找到一个像你一样的女人，我就会娶她"，治疗师以此来鼓励她留意合适的女性。经过3年的治疗之后，病人以87岁的高龄迎娶了一个比他小4岁的寡妇。

第9章 特殊人群
9 Special Populations

吉姆在这第二次婚姻之前，曾在治疗中多次提到他对自己性能力的担忧。他对于亲密有恐惧感，并且担心自己未来的妻子会感到失望。他用语言表达这些感受，得到了治疗师共情的解释，治疗师告诉他，他害怕被拒绝是非常自然的反应。渐渐地，他的恐惧和担忧得到了缓解。在更早的时候，治疗师和病人一起做过一个决定，他没有必要告诉未来的妻子他对于小刀、皮带和领带的恐惧症式的害怕。对此他感到松了口气，除了他和治疗师，再也不会有其他人知道他身上这个"疯狂的部分"。在他再婚后，吉姆和他的妻子一起来参加了一次面谈，表面上的理由是，这样他的妻子可以见一见"帮助过我的医生"。治疗师积极地接纳了这一评价。不久，双方便在讨论后共同决定结案。

在上述案例中，治疗师运用了哪些自体心理学的方法呢？治疗师除了对病人艰辛的生活做出了共情，还为病人提供了一些修正后的、能够获得的目标，以此让他产生希望，帮助他减轻了生活的孤独感，并因而舒缓了他一直以来精神上的痛苦。这些都是通过运用自体客体移情，强化病人的内聚性自体而实现的，反映在后来他能够去改变自己的生活这一事实上。

治疗师有意识地运用了自体心理学的模式，为病人建立起一种长效的适应性防御。治疗师以吉姆承受挫折和失望的能力为赌注（表现在他对第一任妻子的长期病痛，以及他难以相处的室友的适应能力上），聚焦于吉姆寻找另一段爱情关系的机会。治疗师也接纳了他处理恐惧症时建设性的方式，尽管也是强迫性的行动，如，回避小刀、皮带和领带，接纳了他找人陪伴的需要，如，很早就开始工作，以此避免抑郁。当治疗师意识到病人的恐怖症中暗含的一些无意识冲突，以及他那相当男性化的第二任妻子，他强调了此时此地的取向。同样地，吉姆对治疗师的原欲俄狄浦斯移情反应，治疗师将其处理为表示病人能够希望并寻求一段新的婚姻关系。这个方法总体上是恰当的，因为从病人的现实情况考虑，从实质上来看，他的时间并不像年轻那样"无极限"，在继续生活时能有一些满足感是最紧迫的需要。于是，减轻症状、提升感受生活乐趣的能力成为治疗目标，并且成功地达成了。

团体和老年人

当一个上了年纪的人坐在我们的对面，无论是在个体咨询还是在团体咨询中，有时候都会很难想到他曾经也是一个孩子。但是显然他曾经就是个孩子，所以现在呈现出来的复杂模式已经形成了许多年。传统的理论聚焦于本我、自我和超我这些概念的发展，但是自体心理学很少谈及这些假设性的结构。然而，关于俄狄浦斯情结，我们在第七章中指出，它在非病理性的环境中可能是一段愉快的体验。

作为治疗师，我们意识到人类的头脑中环绕着许多复杂的图像和记忆痕迹，即自体和客体关系，最开始的时候代表着母亲、父亲、兄弟、姐妹、敌人、朋友等等。随着个体自然的成长，所有这些最终都会被体验为区别于自体的部分。当一个人缺乏坚实的自体，说明他在成长过程中遭遇了停滞（Stolorow & Lachmann，1980，p.5），需要把其他人感受或体验为与自体相似，或是自体的一部分。"团体自体"在临床上可以表示团体凝聚力，但是也为个体进一步的结构性变化提供了一种持续的可能。在促进成长的条件下，团体治疗可以刺激和鼓励这种个体差异，经过一段时间，团体自身也会从一个阶段跨入另一个阶段。

介绍老年人加入团体

在介绍老年病人进入团体之前，不论是年龄相仿的团体还是年龄差异较大的团体，治疗师要和病人进行准备性的一对一面谈，目标是建立"一个坚实的自体客体移情"（Hoarwood，1983）。一旦达成这个目标，加入团体能为病人提供丰富的潜在自体客体：团体中的个体成员、团体本身作为一个整体，还有治疗师。如果一切顺利，病人获得团体的接纳和理解，从团体中获得力量，同时注意到团体的独立性，以及每个个体成员的独特性。在团体中，病人能得到共情的理解，获得对其问题根源的洞察,并对其他成员做出共情反应。

作为多重自体客体的团体[2]

马丁(Martin Z.)新近加入了一个团体,在此之前,这个团体已经进行了一年半的时间。他的内科医生介绍他来参加这个团体,认为可能会对他有所帮助。马丁已经69岁了,最近遭遇了一次轻微的心脏病发作。他和妻子结婚40年了,一直住在一起,有一个独生女儿,今年37岁。马丁是一个独立的保险推销员,现在只做兼职。

这个心理治疗团体由7个人组成,其中5女2男,马丁加入后变为3个男人。所有人都超过60岁,并且独立生活。他们对马丁积极回应,似乎很容易就接纳了他。

在团体中,马丁花了许多时间谈论他过去的成就,包括他在第二次世界大战中见过现役部队,并且出于自己的选择,非常积极地投身于退伍老兵组织中。他还着重强调了自己曾经是一个非常成功的商人,尽管他说道糟糕的运气让他没能"真正赚上一笔"。马丁的失望集中于他的妻子和女儿不认可他过去的成就,并且"把我看成一个失败的人"。他特别指出,他那已经长大的女儿很难保住自己的工作,幸亏他一直在经济上支持她,他原本可以更宽裕些。在团体和团体带领者看来,如果她的家人对他表现出更多欣赏,意识到他所承受的压力,他会很愿意帮助他的女儿。

因为团体成员都体验过团体带领者的自体心理学模式,他们及带领者都对马丁做出了共情的回应。成员们常常表达出马丁需要得到欣赏,并且给予他欣赏和掌声。他们还会欣赏他在第二次世界大战中的功绩,认真地倾听他谈及的一些英勇事迹。常常能听到诸如,"我可能永远也无法做出像那样勇敢的事情"以及"你当时一定吓坏了,不过你还是知道自己有工作要做,并且完成了"这样的评论。马丁似乎最喜欢这样的称赞,并且很受鼓舞。当他开始讲述自己在战争中一些事情的细枝末节时,团体带领者,不像他那不欣赏他的家人,允许并鼓励他回顾自己的人生,感到对过去经历的整合是一个人经历老龄化必要而健康的过程(Bulter,1977)。

团体成员欣赏他的成就,并且完全地相信他,他们也注意到,马丁需要人依靠,他不能指望他的家人以他喜欢的方式来给他回应。团体成员鼓励他更为直接地表达自己的需要,而不要对此持防御的态度。当他抱怨自己是否还有能力继续工作,并且害怕如果自己继续从事繁重的工作,会再一次心脏病发作。团体成员对他说:"告诉乔安娜和萨利(他的妻子和女儿),你已经不是21岁了,你需要一些休息的时间。不要害怕告诉她们。去做你想做的事。你必须自己照顾自己了。你有权这么做。"

尽管科胡特没有详细阐述团体治疗的问题,他确实说过团体压力可能会减少个性,治疗师必须保护好进化中的核心自体。治疗师通过确保所有的病人都得到鼓励,去发现他们自己的"鼓点节奏"并大步朝其迈近,来实现这一点(引用于 Harwood,1983,p.33)。

随着坚实的、内聚性的自体最终形成,其他的益处也随着增加。老年病人有了一个很重要的认识,即在任何年龄都有获得希望的可能,除此之外,他们看到了发展利他主义的可能性,以及内聚性自体最终获得共情、重新开始成长。老年病人也能获得理解和承认,他的夸大性自体和与一个理想化父母形象融合的需要也得到肯定,并且不是他一个人有这样的需要。所有这些益处将治疗性体验强有力的串接起来,使病人偏离正轨的自体发展重新开启或是重新导向,指向一个更健康、更有收获的方向。

结案

当病人出现更为内聚性的自体,并且团体的理想化父母形象已经被病人内化时,就可以考虑结案了。这个新近形成的内聚性自体以自尊为其基础,非常稳妥，如今可以把它自己作为恒温控制器，调节自尊水平，并且在试图实施其抱负心时坚持自己的理想。由于团体以及治疗师也是病人要去终止的一个部分，病人不再需要他们充当自己自尊的供应者和强化者了。相反，他们会一直留存在将要结案的病人的心中，成为他新的内在结构的一部分，同时也因其自身的个人品质而得到病人的欣赏。正如我们在个案马丁的简介中所描述的，可以预料，在结案时，他会对自己的才能和技巧感到更有安全感，能够更加直接地向其他人提出要求、满足自己的需要，并且以自己生机勃勃的内聚性自体去感受快乐。

晚年：一个转型的年龄阶段

人们越来越多地意识到老年人能够继续工作，并且在丰富的环境中蓬勃发展，许多老年人的活动也对此做出了令人印象深刻的证明，无论是思想家和作家乔治·伯纳德·肖（George Bernard Shaw）和西格蒙德·弗洛伊德，还是音乐家弗拉基米尔·霍洛维茨（Vladimir Horowitz）、阿图尔·鲁宾斯坦（Artur Rubinstein）和斯特拉夫斯基（Igor Stravinsky）。两年前，八十高龄的女性世界和平拥护者，阿尔瓦·米尔达（Alvah Myrdal）获得了诺贝尔和平奖。媒体对于玛莎·葛兰姆（Martha Graham）的持续认可提醒着我们，这位打破传统的舞蹈家在75岁之前从未停止过跳舞，并且在90岁高龄之际，依旧是一个令人印象深刻的舞蹈指导师。事实上，自体心理学的创始人海因兹·科胡特对自体心理学最值得纪念的、影响深远的贡献，一套关于人类发展的新的理论，是在他六十多岁的时候形成的，就在他68岁去世之前。

与所有这些看似不知疲倦的、有创造力的人们有关，我们当然可以询问，他们在婴儿期和儿童期的关键体验是否有利于创造性地自体发展，并且在年长时依旧生机勃勃。从自体心理学的视角来看，我们不得不假设他们所有人都从母亲熠熠生辉的目光中获得了足够的镜映，由此培养出了健康的抱负心，实现了他们的天赋。或者，如果他们的母亲没有能够为他们提供这种良好的自体客体支持，那么也许是父亲、叔叔、祖父母甚至是一个年长的哥哥或姐姐为他们提供了一个可供敬仰的理想化对象，一个引导这些人的偶像。所以就算来自母亲的镜映让他们失望了，他们还有一次机会，通过双极自体的理想化潜力来实现他们的核心自体。

生命中的成长、扩张、创造，以及愉悦都是人生过程中的一个部分。对于那些自体心理学模式的咨询师而言，临床上的个案详细说明了这些过程，并且让它变得更加具体而明确。比如，有一个81岁的女性病人，充满了生命的活力，但是一天中的大部分时间都被他年长的丈夫局限在了家里，她充满热情地说："我不会考虑把他送去私人疗养院的。我太爱他了，而且能够照顾他。但是我想找一段外遇。我不介意在我爱了48年的人身上花些时间，但是我确实介意完全放弃我的性生活。"尽管对于一个处于生命中另一个阶段的病人，治疗师可能会质疑其潜在的行动，但是对于这样一个病人，每一位治疗师都会说："很棒。尽管你现在的处境看起来似乎不可能这样，但是你仍然能够感受到生命的活力，并且想要保持自己的生命力，这真是太好了。"

自体心理学明确地为人们提供强化生命选择的理论框架。而处于10岁、20岁，或是80岁的生命，那都是值得欣赏的！因为正是这份欣赏，联接着10岁、20岁和80岁的人们。

奶奶，是你给予了我"细节"这一财富。你教我去爱小草和青苔、蚂蚁和蝴蝶……你送给我人生中的第一棵树，让我第一次看到日落，第一次寻找蘑菇，并且让我了解了长途步行的快乐。（Almedingen，1984，p.23）

我们说明了以自体心理学的方法治疗的那些原本几乎是没有希望、后来却获得了成功的个案的数量，也说明了稳定的自尊在让一个人过上快乐的生活并且享受其中的重要意义。以自体心理学的方法治疗酒精成瘾和其他上瘾的可能性也得到了越来越多的关注。随着自体心理学的理论与实践的扩展,很有希望出现的情况是,其他的特殊人群,比如罪犯,也将对治疗更有反应。那么"特殊人群"这个术语可能将被赋予一个更有挑战性的含义,而不是一群没有希望的人组成的群体。

注释

[1] 这个案例由社会工作博士学位候选人,Jane Wilkins 提供。

[2] 本个案由 William weiner [社会工作认证学院(Academy of Certified Social Worker)] 提供。

第十章
心理治疗的欢乐

治疗师做些什么?
人性化
关联我们的欢乐
情感是自体的核心
情感是内在的联接
案例简述

在前几章中，我们已经探索了几个主要的自体心理学概念，并且试图展示出它们与精神分析与心理治疗的艺术性和科学性的相关性。在这一章节中，我们将讨论欢乐甚至幽默，科胡特视其为最高级的自恋形式之一（Kohut，1966）。欢乐和幽默——就像我们心中欢腾的泡泡，并且希望最终也会在我们的病人心中出现——确实让我们的艺术/科学如此让人满足，它们弥补了所有的焦虑、自我怀疑以及自恋性的打击，作为治疗师，我们承担着所有这些负面的感受，在复杂、痛苦的过程中，引领着新的核心自体的诞生。

治疗师做些什么？

"我不知道你做了什么，但不论是什么——你都真的太棒了。"这句评论是一个病人在接受了几个月的治疗后对他的治疗师说的。治疗师使用了自体心理学的概念，与她过去使用的更为传统的模式相比，她在相对较短的一段时间里就注意到她的病人"感觉很好"。事实上，治疗师在关心病人的自体状态时做了些什么呢？

虽然很多职业对于行为有严格的参数指标，但是心理治疗领域相对"灵活"。更精确地说，它很模糊。这种模糊性不一定来自治疗师的人生体验或是目标。当我们选择了这份职业时，这种模糊性便出现在我们身上，也许是我们没有预料到的。让我们看看这个假设性的、但是并非不可能出现的例子。新的一天，我们早上醒来，无论那一天要发生什么，我们向着办公室出发，它可能离家很远，也可能就在附近。有些治疗师可能只是从一个房间走向另一个房间，确定门恰当地关上了。这一天可能阳光明媚，可能阴冷下雨，也可能闷热潮湿，或者大风暴雪——但是治疗师总会出现。我们对自己说："不管准备好没有，我来了。"

时间走到了事先预约好的、病人出现的时刻。我们等待着，现在距预约时间已经过了几分钟，病人没有出现。我们等待着，继续等待着。在我们的想象

第10章 心理治疗的欢乐

中，我们可能做着以下的事情：

治疗师（在电话上对病人说）：听着，我在这里等你，但是你没有出现。我很想知道你究竟会不会出现，还是迟到一小会儿、一大会儿，或者中等程度的迟到。如果你只是迟到一小会儿，我可以跑下去买一些早就该买的食物。如果你是中等程度的迟到，我可以出去做个晨间散步。如果你真的打算从头到尾都迟到，那么我可以在街区那边的壁球馆打场快球。重点是，我真的很想知道，这样我可以安排一下要做的事情。

尽管我们可能会想到上述内容，通常我们并不会去打电话。我们会等整整45分钟或者50分钟的治疗时间，有时候会想自己是不是错过门铃或者敲门的声音。我们会不会在病人没有出现的治疗之后打电话给他们，了解发生了什么事，比如病人是不是生病了？我们会不会等到那一天的晚上再问他，为什么没有赴约，问他想不想另约一个时间弥补这次错过的面谈？我们会不会等到下一次面谈再去了解发生了什么？当我们提到这件事，无论是打了一通电话，还是在下一次的面谈中，告诉病人我们对他的缺席感到很担心，病人会把它体验为对他的斥责吗？几乎毫无疑问，作为治疗师，我们会依据自己的心理治疗模式选择一种处理此类常见情况的方法。但是，关于如何处理此类"迟到"或者"缺席"，几乎没有所有治疗师都要遵守的规则。

处理此类情况的可能方法有很多，有多少治疗师，就可能有多少方法，治疗师之间的差异有多大，处理方法的差异就有多大。我们缺乏标准，缺少可以可靠实施的行动计划，因为作为人，难免会在这里或那里有些小小的误差。我们是我们自己的数据库！我们是什么样的人，就会怎么去做！这种"做法"很大程度上是我们自己决定的，鉴于我们的年龄、背景、训练年数、个人风格、对治疗模式的选择以及天然的风格。然而，我们也确实需要去考虑主体间的问题（inter-subjective issue，见第八章关于创伤状态的论述）我们自己的风格和假设会不会与我们病人的自体需要产生危险的碰撞。

人性化

　　自体心理学家，就像使用其他治疗模式的同行一样，充满希望地把自己看作人，而不是某种治疗机器。作为人，在作者的心目中，就是要与我们的内在体验保持接触，我们的人道、我们的温暖、我们基本的内聚性，还有我们的欢乐。然而，我们被催促着要去澄清这些无形的东西，就像一直被吹嘘的治疗师的中立性一样，已经越来越不人性化。

　　在经典科幻恐怖小说《人体异形》(The Invasion of the Body Snatchers) 中，人类被他们的复制品控制着，复制品在各个方面都与本人相似，包括他们自己的记忆、脸部特征，还有喜好，但是它们缺少"人性"。在电影中，第一个注意到主角具有这些特点的人物对这种感觉进行了描述。她（主角的侄女）将这种情况解释为"乔治叔叔看起来像是乔治叔叔——不过他不是。他说的内容都对，做的事情也都对，但是缺少了什么。他看着我的样子和乔治叔叔不一样。他看不到我。他不是乔治叔叔。"电影中的"新"人类缺乏人性，因为他们缺少情感。它们劝诱人类改投他们的种族，称生命充满了痛苦、悲伤、问题、冲突，而它们的生存方式更好。当人们问及爱和欢乐，他们的回答是，没有这些感受也能活着，因为这些感受也会带来它们自己的烦恼。

　　在看这部电影时，会让人联想起其他的电影，比如《复制娇妻》(the Stepford Wives) 讲述的是一群像机器人一样行动的女人，由此我们会想到自己的一些病人，他们在生活中缺少快乐的体验。然而，对我们来说，要有效地引发他们正向的改变，就需要去激发他们感受快乐的能力，这种能力是我们每个人生来便有的。总之，我们需要与自己的"泡泡"保持接触，享受它、品味它、拥抱它、保存好它，以便在我们的工作太过繁忙时调节自己的情绪。

　　但是我们如何帮助病人去感受那种被体验为欢乐的生命活力呢？通过这本

书，我们已经展示了对许多病人而言，要他们去认可自己有权享受生活中的任何快乐是多么难的一件事。有时候这种阴暗的信念来自一种让生活变得更为狭窄的身体疾病，就如我们在这一章中将要看到的，它切断了病人许多快乐和满足的正常来源。重申一次，一个人可能因其深刻的信念而饱受痛苦，他相信自己不能享受任何东西，因为他的父母让他感到自己应该像他们一样去承受痛苦——换句话说，他的快乐总会被体验为是对他所爱的人的侮辱。最后，还有的病人会认为自己命中注定会失去任何他们可能得到的爱或者快乐，因为命运已经"伸出了魔爪"。

要专门回答我们最初提出的问题——如何帮助我们的病人拥抱欢乐，这并不是一件容易的事情。毕竟，我们是从尝试对他们的感受进行共情开始，他们的恐惧、无助、厄运，以及他们对欢乐永远无法降临在自己身上的感受。正如我们在本书的各个案例中所努力想要展示的，病人意识到治疗师对他的共情，这是病人开始感受到自己的价值的开始，是快乐的基石。我们不想让人产生这样的印象——为了保护我们自己的快乐，我们就要把它强加到正在与无望感搏斗的病人身上。告诉一个深陷于痛苦的泥沼中的病人，他后天一定会感觉好受些，也许没有什么比这更不共情的事了。病人迫切需要的，也是我们试图提供的，是尽我们最大的能力，对病人此时此刻的真实感受进行敏锐地同调，而这或许是他过去从来没有体验过的。正是我们为病人提供的稳定的治疗氛围，为病人核心自体的成长夯实了基础，让他感受到自己毫无疑问有权获得快乐。

关联我们的欢乐

当病人没有打电话就取消了面谈，或是哭泣了整整 45 分钟，断定他们经过三年的治疗没有感到任何帮助，生活一团糟，或者当我们的工作时间似乎没有止境时，我们还能如何保持自己的快乐？我们治疗师能够保留住快乐的火星，因为我们希望帮助他们感受快乐。如果做不到这点，我们就无法继续留在自己所选择的这个领域！或许，也像艾丽丝·米勒（Alice Miller, 1981）所说的那样，治疗师必须体验他们自己童年时的心理奴役，以便带着快乐的感受再一次体验这些情绪。无论回答这个问题的答案有多么复杂，我们当然需要保留自己内心的泡泡，这样我们才能在病人与我们在一起的时间中帮助他们；我们还需要在离开办公室，回到自己的个人生活中时扩展这些泡泡。这可能还包括，有能力去开拓创造力地图上未经标注的领域，可能是我们年轻时曾经向往过，但是没有去实现的事。或者也可能是我们成为社会活动家或者政治活动家。

无论我们如何扩展自己的生活，无论是通过新的自体客体还是（以及）更高形式的自恋，我们通过这种方式维持着自己整天倾听问题还能享受自己的生活的能力，就如在一天结束的时候，我们所选择的那样。治疗师具有获得真正的快乐的能力，当他被内化为病人的自体客体，也就很有希望能够将这种感受传送给他的病人。即使病人深陷于抑郁之中，他通常至少能感受到治疗师对他的关心，以及将来获得重生的希望。

在有的案例中，出现了短暂的共情失败，或者是毫不动摇的负面治疗反应，我们可以把它看作一个反移情问题，或者是主体间性的问题（见第八章）。无论是哪种困难，我们的病人感到我们没有以他们需要被理解的方式去理解他们。我们的共情和解释——我们最重要的两件工具，如科胡特（Kohut, 1984）所强调的（亦可见于第四章）——错失了目标，无论是对某个具体的事情，还是使用的治疗模式。基于我们的训练、我们对训练的理解、我们天然的风格，还有我们治疗模式的取向，当病人告诉我们这些，我们那个时刻的感受是什么？我们的感受随后会反映到我们如何与病人的关系上吗？或者我们的感受是这样，但是却会那样表达？

情感是自体的核心

当我们总是在复杂的情况里和压力下试图了解自己与病人正处在什么样的情

感关系中（例如，我们是否因病人找不到我们而让他们产生了幻灭感？或者我们因为无法保护病人免受流感侵袭，而让将我们视为自身的一个可靠的、完美的功能部件的病人感到失望），当然，还会有更多的考虑。在前文中我们已经有所暗示，我们最终是如何帮助了病人，无论他在治疗师或者其他自体客体无法被随时召唤时可能会觉得多么沮丧，仍能够去享受生命中某些潜在的可能性。

索卡里兹（Socarides）和斯多勒洛（Stolorow，1984—1985）提出过这样一个想法，自体客体的功能可能与"情感的整合有着基本的"关系。他们将情感看作"发展过程中自体体验的组织者，如果遇到了来自照料者的必要的证实、接纳、分化、综合以及包容的反应。"索卡里兹和斯多勒洛指出，如果一个孩子的情感需要没有得到充分响应，他就容易发生自体破碎，因为他的情绪一直被忽视，没有被包括到他的自体体验中去。除了强调科胡特发现了对儿童展示性体验进行镜映的重要性，包括早期与理想化父母的力量融合的骄傲与兴奋的感受，还有他们在儿童痛苦时提供的抚慰，本书的作者们还指出，科胡特提出，通常共情的父母能够对儿童的俄狄浦斯性欲与竞争做出愉快和骄傲的反应。作者认为，接纳儿童正常的俄狄浦斯感受，可以确保儿童的俄狄浦斯经验不发展出病理性。

巴史克（Basch，1984）也认为，父母对儿童萌发的情感做出富有弹性的反应，对他们发展出内聚性的自体和拥有客体爱的能力至关重要。他强调，人类的婴儿从一开始时就是人，婴儿渴望刺激，清楚地显示出对人类以各种情绪进行交流和反应的渴望，如果他们有这个机会的话。"母性，"巴史克总结道，"并不是通过母亲分娩的这个行为而成为自体概念中一个活化的部分，也不是通过荷尔蒙的刺激，而是贯穿在母亲与她的婴儿之间的自体客体移情的过程。这段话可以用于任何重要的关系，当然也包括精神分析师和接受分析的病人"（Basch，1984，p. 36）。

情感是内在的联接

克莱因斯（Clynes，1980）认为对我们每个人来说，情感表达都被体验为一种"内在联接的形式"（p.298）。但是这种联接可能会转换以及前后移动，如科胡特（Kohut，1984）所指出的，代表着"自体-自体客体关系重要而持续地从一个水平转换到另一个水平"（p.188）。他提出，一个看似向前的行动，比如一个孩子在春天到来的时候去公园，朝着一只小鸟或是松鼠走去，这可能是一个与身体的拥抱，或者朝前迈步，孩子可能会焦虑地回望母亲，来让自己安心，她就在那里，如果他需要，就可以得到她的拥抱。无论是哪种情况，如果母亲是一个可靠的、有回应的自体客体的话，她都有可能会了解孩子的欢乐或者怯怯的焦虑。而我们，作为心理治疗师，必须持续地努力去同调病人可以预期的以及不可预期的情绪变化，这样他们就能开始相信他们的感受会被人注意到，会得到联接，因为他们在童年时从来没有得到过这种体验。

案例简述

当我们努力寻找为我们的病人提供一个疗愈的过程时，我们自己也被疗愈，这是不可能的吗？一位同事曾经讲过一段个案史，让我们以此来证明其可能性。

来自一位心理治疗师的生活：猫女神的阴影[1]

柏塞尔（Purcell）博士去了她公寓一楼的门边，叫出门卫，对他说："约瑟夫，我在等一个可能身体上有残疾的病人，她大约过10分钟到这儿。你能帮助她走上我门前的三级楼梯吗？"她回到办公室等着。她对自己的紧张感到很不满意。也许不应该接受这样的病人，一个严重跛足的女人。大的残疾会让她感到尴尬。有一点已经够奇怪了，科胡特关于婴儿期夸大的理论总是会让她想起她自己关于贪婪、嫉妒、英雄主义，甚至是对疾病中的夸大性的直觉。但是为什么呢？无论研究结果如何具有争议，她是否依然相信，一个人会宁愿选择生病或者畸

第10章 心理治疗的欢乐
10 The Joy of Psychotherapy

形，而不是去表达自己不能接受的要求？或者是否是那些畸形的人，发现自己显得非常不自然，之后能表达出暴露癖的愿望，要求补偿，或者报复？而治疗师要如何才能帮助这样的一个病人去成熟地接纳现实？

对讲机中出现了凯西·费里尼（Kathy Fellini）的名字。前门打开了，刚强的脚步声缓慢而坚定地穿过门廊，越走越近。

"我在这里，费里尼小姐。"

凯西出现在办公室门口，一个年近40岁，瘦小的女人。一支不锈钢的拐杖紧靠在她半萎缩的前臂上，支撑着她的身体。

"我需要一把硬一些的高脚椅，还有一个脚凳。"

"我敢肯定我的沙发适合你，这儿，用我的脚凳；我真的不需要它。"

凯西慢慢地坐下来，但是很沉着；没有尴尬、没有不耐烦、没有道歉声。

两个女人面对着彼此。大约有一两分钟的沉默。

凯西盯着柏塞尔博士，仿佛看着她身后更远的地方，说道："你不打算问我是怎么变跛的么？"

柏塞尔博士回忆起自己对于畸形的心理层面的思考，并对病人这么快就聚焦于这个问题而感到惊讶。这说明什么？她说："我当然很想听听。"

凯西似乎变得不那么防御了，但是她谨慎地补充道："我并不需要告诉你，但是你应该知道，这样你就不必一直想着这件事了。"

柏塞尔博士共情地点点头并说道："那么发生了什么？"

凯西继续用傲慢的语调说道："在我十八九岁时，我患上了一种严重的、发展很快的少年类风湿关节炎，一种破坏所有组织的炎症。"

柏塞尔博士轻轻地点点头，皱着眉，好像感到痛苦。

"我仍然会不时地发作风湿性关节炎，在这个或者那个系统里。它不止对关节有破坏性，而且也没有治疗的方法。"

"我知道。"柏塞尔博士低声说道。

"但是最近我做了一个让我很困扰的梦，这是我来这里的原因。我梦到我怀抱着自己的猫，就像抱着一个婴儿，而且它病了。但是，它死了将近一年了。"

柏塞尔博士刚要说"真奇怪"，但是她突然发现自己这么说不对，对凯西而言这可能并不奇怪，于是只是点点头。

"我最近去了埃及，在尼罗河上漫游。"凯西继续说道，"我一直对猫女神贝斯特（Bast）很着迷，着迷于所有与她有关的护身符和小雕像；我需要去她的家乡看看她。我对贝斯特很有感觉。她热爱音乐和舞蹈，保护所有人免受邪恶的侵犯。她的父亲是太阳之神（Sun-God）。我知道我的猫根本没有真正死去。那就是我为什么再也没有养其他的猫；我的猫还在我身边。但是，后来，我梦到它病了，也许快死了。为什么我会梦到这个？它真的是我的一部分。它不可以死！"

柏塞尔博士想起了科胡特对于婴儿期全能幻想的关注，包括唤回已经逝去的生命来克服可怕的丧失。她谨慎地问道："你感到它是你的一部分？"

"嗯，不全是，只是我一直让它活着。它就像是我自己创造出来的生命。你不能理解吗？"

柏塞尔博士感到这里需要做一些同调，这可能有助于凯西继续治疗，或是让她离开。她谨慎地说道："你的意思是说通过你心灵的力量？你实际上能看到或者听到你的猫吗？"

"我有时候确实能看到或者听到它，在某种程度上像是一个醒着的梦——我也能这样看到我的父亲，他大约20年前就过世了。"凯西停了停，好像有一点尴尬。然后她叹了口气，继续说道："我看到他在我的婴儿床边俯下身来微笑，一颗金牙若隐若现。"

柏塞尔博士看起来松了口气，凯西说的可能不是一个幻觉，她问道："那么这是记忆中的事？"

"是的，但是我经常想起。有一次，他虚幻的脸浮现在我的面前，眼眶空洞，笑容很有挑逗性。那不是一个梦。那是一个图像，一种真实的呈现。他也不是死的，真的不是。他去世的那个日期与我生日的月份一样。他通过我的存在而活着。我又一次甚至梦见把他生了出来。对于要照顾这么大的婴儿我感到

第10章 心理治疗的欢乐

非常害怕！不久以前，我忘记在野餐桌上给他留一个位置，他就变得非常不安。"

柏塞尔博士早前担心的凯西可能的诊断结果又回来了。这些梦境和记忆似乎比柏塞尔博士所预料的还要危险地接近更深层的病理情况。她决定推迟对于这个引起她焦虑的材料的探索，到以后的面谈中再探讨。于是她说："好的，我想考虑你对于所有这些事情的感受是最重要的，但是今天我确实需要先了解一些其他的基本信息。"

凯西叹了口气，顺从地说道："好吧，但是我真的必须再回到这些话题上，因为这就是我来这里的原因。"

柏塞尔博士想到了关于凯西的一个好主意。显然，她一直以来功能运作都相当好，她获得了一个康复医学教育的博士学位。她在一个小型的私人诊所为严重跛足的儿童服务了一段时间。在她父亲去世后，一位阿姨和叔叔一直在经济上支持她上学。然而，他们搬去了弗罗里达，留下凯西自己照顾自己。她和她的母亲从来没能一起生活过。

在此后的治疗中，柏塞尔博士开始探索凯西有关她的病猫的梦以及她对其过世的父亲的复活幻想之间的联系。谈到关于她分娩了她父亲的那个梦时，凯西开始非常热情地谈论他："他是那么非凡、荣耀、博学，而且敏感！但是他被可怕地剥夺和误解了。虽然我很崇拜他，但是必须努力让自己配得上他，给他适当的认可。"

柏塞尔博士决定在此时不提起那个可能是俄狄浦斯色情的微笑，而是问道："他被剥夺是怎么回事？"

凯西似乎放松了一些，好像柏塞尔博士的问题暗示了她开始能够理解她悲惨的生活了。她说："嗯，一开始，他是个聪明的小男孩，与他认为是他亲生父母的人一起过着快乐的生活，但他们其实是养父母。一天，他5岁时，有个女巫出现了，称自己是他的亲生母亲，拖着他离开意大利去了美国，逼着他父亲重新和她结婚。据说这个打击非常巨大，导致他的头发全部脱落了，而且再也没有重新长回他原来的样子，只是像婴儿的头发那样，稀稀疏疏的。"

"他的母亲，"凯西的语调变得严厉，"期望他立刻就能爱她，并且立即就能理解她为什么在他出生时丢下他。当她发现儿子不爱他，她开始转而针对他，在他的回忆中，母亲从来没有认可过他做的任何事。他的父亲没有时间陪他，因为他一直在工作或是陪伴朋友们。他的父亲感到自己是因为这个儿子而被胁迫结婚的，并且对我父亲毫无兴趣。于是，在我父亲14岁时，他离家出走了。"

"正如他曾经在我很小时告诉我的，他绝望地需要找到某个人去欣赏他真正的价值。他就是知道自己很特别。为了开始看看这个世界，他坐上火车成了一个流浪汉。为了接受教育，他阅读别人丢弃的书，和许多人谈话，那些年长的、有知识、反叛并且被拒绝的离家出走的人。他们偶尔会去饭店打工，为了混口饭吃。他曾经告诉我，饿着肚子，不知道去哪里能得到食物是多么可怕。"

"他找到任何特别的、能够把他置于自己的羽翼之下的人吗？"柏塞尔博士问道，心里想着，这个悲剧性的、有洞察力的、被忽视的、从某种意义上讲还是个天才父亲的形象，会对凯西产生什么样的影响。

"不，一个也没有。他一直必须自己照顾自己。比如，他自学成为一个无线电技师，并且最终去了埃及，在那里为一家航空公司工作。"

当柏塞尔博士听说凯西的父亲第一次算是成功的经历发生在埃及，她就想知道，这与凯西最近一次的埃及之旅有没有任何关系，而且那次旅行听起来像是与贝斯特——猫女神的重聚。

"你的父亲在埃及待了一段时间？"柏塞尔博士问凯西。

凯西悲伤地笑了笑。"是的，他待的时间长到足够遇见我的母亲，她一开始是那么地爱慕他，似乎就是个完美的女人。她来自一个小山村，几乎没有受过什么教育。我猜他认为自己可以把她塑造成任何他想要的样子。"

柏塞尔博士感觉到这个想法可能是通向凯西那让人害怕的受虐的躯体症状的一条线索，她把身体向前倚了倚，关切地问道："你对他想那么做有什么看法？"

第10章　心理治疗的欢乐

"为什么不呢？他知道自己很特别，他知道自己需要什么。但是她没能做到，她辜负了他，他感到很痛苦。直到今天，她还为自己始终未变而感到骄傲，就是她自己，未受影响、未受教育、未受塑造。"

柏塞尔博士想知道，凯西是否也发现了母亲是这么地没有反应，以至于她不得不转向父亲，甚至为了感受到哪怕是一点点的爱，而成为他的奴隶。"你妈妈现在在哪儿？"她问道。

"哦，她在镇上，大约是30年前就一直在这里，身体健康得很。甚至连时光都没能在她身上留下一点印记。"凯西轻蔑地说道。

在此后的会谈中，柏塞尔博士试着问凯西，她认为她那不受人影响的母亲和她由疾病造成的可怕的"雕塑"之间有什么关联。但是凯西似乎没有看到有奇怪的差异。也许最好还是再等等。更明智的做法是继续谈论凯西为什么来找她这个话题，了解她自己对于哪里出错的看法。

"你在一开始的时候说过，你感到和猫女神贝斯特合二为一了。"柏塞尔博士说道，"我不能理解，她和你梦见你那只快要死去的猫之间有什么关系？"

"嗯，当然，我并不是真的和她合二为一了，我那么说了吗？"

"是的。"

"不，我的意思是说我很崇拜她，因为她是一个保护之神，会对抗所有伤害。她无所不在。我感觉她永远不会允许任何猫咪死去。"

"但是你的梦……"

"那是我所不能理解的。我知道我的猫在一年前就死了，但是那只是躯体上的死亡。它仍旧和我在一起。是我让它和我在一起的。所以为什么我会梦到它快要死了？我吓坏了！"

柏塞尔博士意识到，凯西正在挣扎，她努力地想要抓住现实，但又想通过贝斯特这一全能的幻想来控制生命和死亡。

"我不知道，好像它正在离开。我感到孤独而虚弱。我怎么了？哦，我还梦到了许多蠕动在床上的猫，我被它们呼唤食物和关注的尖利叫声吓坏了。"

柏塞尔博士想知道，这些饥饿的猫是否不仅代表了凯西多年来被剥削的经历，还代表了所有那些对她有所要求的人，包括她曾一起工作过的畸形儿童。她问道："你对自己应该做的事情感到有压力吗？"

"不，没有压力。我想要去做我必须做的事。"

柏塞尔博士想知道那是否包括让他死去的父亲一直活着。但是经过一段紧绷的沉默之后，柏塞尔博士决定探索其他的部分。她问道："除了梦，你最近还发生过什么事情？"

"没发生很多事。我正在找份新工作。我现在这份工作，给残疾儿童的拨款快用完了。我去了一家大型的、有名的医院面试，结束后我感觉非常差，我无法解释那种感受。"

柏塞尔博士直接诉诸于凯西的全能感，说道："试试看。"

"好吧，每个人看着我的表情都好像我在向他们要求天上的月亮。"凯西说道，她对柏塞尔博士皱着眉头，好像对于不得不回忆起这段羞辱的经历而感到生气。

"是什么让你产生了那种印象？"柏塞尔博士温和地问。

"他们不停地问，我怎么能在早上做到行动敏捷，而且我怎么能够在没有许多协助的情况下工作。总体而言，他们怀疑我的可靠度。"

"你当时说了什么？"柏塞尔博士问，同时倾听着来自凯西傲慢的父亲的回声。

凯西耸了耸肩，仿佛答案应该非常明显，回答道："我说，当然，我必须要在上班高峰之后再来，就像我现在的这份工作一样，我过去有一个助手，帮助我完成我不能做的事。还有，我需要休息的时间，这样我能去看我的医生，也就是我的风湿病学医生，或者是去看我的职业治疗师，来调整我的腿部支架还有我的手杖，或者我会需要去见我的理疗师，帮助我完成练习。"

凯西作为一个病弱的人，在她未来的雇主有机会了解她的能力之前就提出了这些特权要求，柏塞尔博士对此多少有些惊讶。"你认为他们会怎么想？"她

第10章 心理治疗的欢乐

问道。

"哦，会觉得我有些冒昧、自负、神经质，而且不讨人喜欢。"

"但是你身体上的残疾确实需要特殊照顾。"柏塞尔博士说，努力不让自己加入凯西的批评中去。

"我猜是的，不过我基本上一直都能尽到我本分，并且把工作做得很好！我可能确实有残疾，但我并不是一个残废，"凯西说道，显得越发傲慢。她几乎是咆哮道："我不是！我已经完全克服了这些问题，甚至超越了他们。我会让他们看到。尽管存在所有这些状况，我仍然自己站着。他们欠我的！"

柏塞尔博士感到自己有点乱，纠结于与凯西面质她不现实的期待，以及告诉凯西她意识到她爱操控人的父母确实"欠她"。"我知道你的感觉。"她说。

凯西突然安静了下来。她变得沉默。然后她哭了起来，蜷缩在沙发的一角，现在她收缩起来的肘关节和僵硬肩膀令她无法举起手来擦去眼泪。

柏塞尔博士从凯西面前的盒子里拿出些纸巾。俯过身去，温柔地擦拭她的脸颊，然后她回到自己的座位。凯西没有拒绝，柏塞尔博士感到更有希望了，尽管她有自己的全能感，但是她还是能够接受一点帮助。

"你的感觉是不是好像得到了很多，也许太多了？"

"我不明白你的意思。"凯西说，她的声音显然很疲倦。

"也许你内在的贝斯特给了你太多。也许她现在累了。"

在此后的会谈中，柏塞尔博士尝试着去澄清凯西关于贝斯特的图像。

"你第一次感到依附于贝斯特是什么时候？"

在大约五分钟的沉默之后，凯西轻声叹了口气："在我成长的过程中；在埃及的第一年，我的父亲带我去了开罗博物馆。当然，我对博物馆感到很着迷，眼镜蛇、秃鹰、猎隼、还有鳄鱼，但是最吸引我眼球的是那些猫，它们全都那么骄傲地坐着，那么自然，它们的身体完备而平衡，甚至不需要头饰。就在那时，我了解到它们都是猫女神贝斯特的化身，她对抗邪恶、热爱欢乐。不管怎么说，我一直都喜欢猫，就在那时，我决定让贝斯特当我的教母。我开始收集猫的雕像。

对我来说,它们都是贝斯特。我过去常常把它们排成一排,我会自己哼着歌围绕着它们跳舞。"

柏塞尔博士微笑地说道:"你的父母怎么看这一切?"

"我的父亲很喜欢。"凯西留恋地说。"他一听到我哼歌就会来我房间看我。我的母亲,尽管她是一个埃及人,但是她觉得这一切都是胡扯。正是从那时起,她发现我让人难以忍受,说我超过了她的承受能力,她希望我能慢下来,按照她说的去做。但是她不重要。就算是我的父亲也几乎不和她说话。他总是来找我真正地聊天。他甚至告诉我,母亲不能理解他需要很多的情感。回过头看,我意识到他真正的意思是关注、溺爱、热情,还有一种冒险的感觉。她就是不知道怎么给予他这些。"

"于是你下定决定要成为他的某样特别的东西?"

"是的,当然,我不能真的去做他的妻子,但是就好像我们可以扮演,你知道吗,'扮家家'。"

"你们是怎么'扮家家'的呢?"柏塞尔博士温柔地问。

"嗯,我记得最清楚的就是他搬到纽约这里来的时候,他那时会帮我一起完成学校的论文;他有那么多想说的话,而我可以帮他传递到其他人那里去。"

"论文是关于什么内容的呢?"柏塞尔博士问,想知道凯西对于"扮家家"中的性含义是否感到焦虑。

"哦,你知道,是历史论文,关于俄国革命及其辉煌历史的论文,还有墨西哥革命性的画家里维拉(Rivera)、奥罗斯克(Orozco)和西凯罗斯(Siqueiros)。"

柏塞尔博士想知道,这些古怪的论文会不会让凯西惹上麻烦。但是她决定关注于"扮家家"的性层面。"你玩'扮家家'的时候开心吗?"

"嗯,有一次他送我去营会。他不得不说服管理员,让他相信我不止 16 岁,因为那是一个为 21 岁的青年人举办的左翼营会。这营会正是他一直想去的那种——有讲座、讨论、在乡间散步、古典音乐会、民族舞,以及只是与一些很有智慧的人待在一起。你知道,他是个很羞怯的人。我们从来不见其他人。我们

第10章　心理治疗的欢乐

从没有过家人或者朋友来家里吃饭，我们也从没去过其他人家里。"

柏塞尔博士意识到，就是从那时起，凯西开始对她的父亲产生了幻灭，为了否认这点，她不得不把他在记忆中放大，放得比他现实生活中更大，甚至是不朽的。当她无法做到这点时，她就让自己跛足了，就像她曾见过父亲的跛足那样。但是柏塞尔博士明白自己在这个微妙而危险的问题上必须放慢脚步。

令人惊奇的是，凯西想起了另一件事，并且咯咯笑了起来。

"他送我去了一个人民戏剧表演团体。我们那时已经搬去了城里。有一次我不得不演唱一首林肯旅队（Lincoln Brigade）的歌曲。我选了一首，好像是叫《起起伏伏》（*Up and Down*）。我现在记不清了。我当时留着很长的头发，我摇晃着脑袋，一会儿甩向上空，一会低至地面，头发就围绕着我聚起又散开。我变了，而且我很喜欢那种感觉！"

"所以，'扮家家'帮你打开了一个新的、让人兴奋的天地？"柏塞尔博士问道，想着凯西婴儿化的全能感至少抵消了一部分她父亲造成的幻灭感。

"哦，是的！"但是很快，凯西的情绪发生了变化。她扭曲的手轻轻地颤抖着，并且变得沉默。大约过了五分钟让人感到压抑的时间之后，凯西说道："我猜你在想我为什么闭嘴了。我突然想起了这一切是怎么结束的。"

柏塞尔博士温柔地问道："请告诉我怎么回事。"

凯西的视线穿过了柏塞尔博士，了无生气地说道："有一次，当我以《工人日报》（*Daily Worker*）作为信息来源写了一篇文章，投稿到高中的校报，我在礼堂中被点评批评了，当着全体学生的面。他们叫我'从哪儿来的滚回哪儿去。'我大受打击，一路跑回了家，爬到床上躺在那里，好像感冒一般病了好几个星期。"

"这对你来说是多么可怕！"柏塞尔博士说道。

"事实上，那没什么。它过去了。"好像是为了消解治疗师的共情，凯西笑了笑。"当我在营会时情况也是一样。我在营会的整个第一周都卧病在床，后来我就好了，整个第二周都很喜欢这个营地！"

"那只是感冒吗？"柏塞尔博士问道，想知道那会不会是青少年风湿性关节炎的早期征兆。

"嗯，好像是吧。我当时感到头晕、虚弱，而且我不停地呕吐。"凯西的语气显得很不耐烦，好像她不想讨论这件事。

"你父母对你生病是什么反应？"柏塞尔博士问道，同时在想她是否还能坚持讨论下去。

"哦，他们一直不知道我在营会生病的事。另一次是我妈妈在照顾我，你知道，在学校那件事之后，她似乎很享受。我的父亲开始变得很忙。我不能责怪他。我简直成了一个负担！"凯西现在显得过度地漫不经心，仿佛想要挫败治疗师的关心。

"生病是不是你'扮家家'的一部分呢？"柏塞尔博士冒险问道。

"当然不是！我们没有玩'看医生'的游戏！"凯西愤愤地驳斥道。

治疗师决定冒险关注于凯西被剥削的经历。"你难道不会想要和你的父亲一起玩'看医生'的游戏吗，有时候，只是玩一会儿？你知道，去感受一下被关心、被抚慰？"

凯西直直地看着柏塞尔博士的眼睛。她似乎正想说一些愤怒的话语，后来就开始抽泣，开始痛哭。这一次，她没有做那无效的尝试，去举起手来擦拭眼泪。柏塞尔博士来到她身边，再一次轻轻地擦拭凯西的脸颊。

"在那之后不久，我就真的开始生病了，当时我17岁。我像一具尸体一般僵硬起来，不能下床。我的父亲变得那么悲伤，那么孤独。他似乎失去了所有他如此需要的东西。我的意思是说，正是我做的那些维持他对生命的兴趣的事。他变得非常疏远，非常抑郁，有一天，大约是一年以后，他就因心脏病发作而去世了。"

凯西开始哭了起来，好像她永远也不会停下来。柏塞尔博士看着她，试着止住她的泪水。

"你太想给他幸福了，你现在还觉得自己失败了吗？"治疗师问道，想把她

第10章 心理治疗的欢乐

拉回到现在。

"是的,我辜负了他,还有我的猫和贝斯特,我那不朽的教母。我辜负了他们所有人,我活该受罪!"凯西喊道。

"但是凯西,你自己呢?难道你不也同样值得拥有幸福吗?"治疗师冒了很大的险去聚焦于凯西那被贬低、被憎恶的自体。

"只有他幸福我才会幸福!"凯西嘶哑地呜咽道。

柏塞尔博士暂停了一会儿。她应该说那些她相信必须要说的话吗?最终,她注视着凯西,清晰地说道:"是不是有这样的可能,无论是什么原因造成了你的病,一旦它出现了,它是为了想要告诉你些什么?"

"什么?"

"你存在着,你是这个宇宙中独一无二的存在,你有自己的需要、感受和潜力。"

凯西转身背对着柏塞尔博士,显出残暴的愤怒。凭借着这股力量,她挣扎着站起来,一言不发地离开了。柏塞尔博士感到自己已经失去了与凯西那自我憎恶的自体的联接。

凯西在后面的两次面谈中都没有出现,她也没有打电话来。当凯西的风湿病专家打电话来时,柏塞尔博士正准备打电话给凯西。她说凯西病得很严重,不仅是关节急性发炎,全身的组织,包括她的肺部、心脏和肾脏,都急性发炎了。她完全动弹不得了。

显然,根据医生的说法,一些感染触动了她的免疫系统,引起了这样一种过度杀戮的反应,以至于她的生理防御系统错误地拉响警报,并且转而对抗她自己。

风湿病学家认为或许柏塞尔博士能够提供些帮助,因为凯西看起来似乎很沮丧,而且奇怪的是,这沮丧似乎与她的疾病无关。她对药物几乎完全没有反应。在她所处的这种状态下,任何一个主要器官受到感染都会完全让她丧命,凯西可能会死。

柏塞尔博士知道，无论哪里出错了，都与凯西最初前来求助的那个原因有关。当然，作为治疗师，自己为什么不能早一点明白呢！那只快死的猫就是凯西！她去世的父亲和她死去的猫都在召唤她，去做些什么事，要么就去死。但是做什么呢？凯西好像已经基本辜负了他们，没有让自己一直待在那分契约里。什么契约呢？只有在包括了她的父亲的情况下，让凯西一直活着，去分享贝斯特的至高无上与独特性？她欠他的，她已经让他失望了，她变得病弱而且不完美，并且他也死了。但是他让贝斯特为他活着。如果凯西要活着的话，贝斯特必须也要活着。柏塞尔博士犯了一个错误。她不应该暗指凯西是一个实体，指出她具有一个独特的自体。那纯粹只是一种潜力。实际上并没有凯西，只有贝斯特。

凯西的父亲在很早的时候就已经将凯西的自体诱离了她。他需要这个扩展的部分，好让自己感觉还活着。凯西是她的镜子，证明着他的存在。凯西的母亲拒绝为他牺牲自己，一直保持着自己的不可触碰。但是为什么她没有试着去拯救她的女儿呢？但是，当然，她不能这么做；柏塞尔博士意识到，凯西的母亲不得不成为他父亲的亲生母亲的另一个版本，那个曾经利用过他的女人，就像凯西的父亲利用了凯西一样。

但是这些无法解释凯西在无意识的渴望中所做的，她渴望成为完美的教母，贝斯特，同时也渴望成为她被剥削的父亲和被剥削的自己的全能的父亲。有一个残酷的问题，就是当她未能成为一个完美的人时，她把自恋性暴怒全部指向了自己。当他父亲过世后，她对于自己未能让父亲、教母贝斯特以及她的猫自体荣耀地活着而产生了暴怒，并以这暴怒将自己的身体致残，这是她唯一的求助方式。似乎柏塞尔博士现在也被纳入到了这暴怒的攻击范围中去了，很典型的，凯西在为柏塞尔博士的"错误"惩罚自己，柏塞尔博士错误地想要试图拯救凯西那被拒绝的真实的自体。

柏塞尔博士决定去医院看望凯西。当她接近凯西的房间时，她暗想自己是不是做得对。这个个案让她担忧，搅扰了她自己的全能感。她看到自己过快地聚焦

第10章 心理治疗的欢乐
The Joy of Psychotherapy

于"扮家家"中所蕴涵的俄狄浦斯性问题,并且她着迷于让凯西意识到她生病的心理因素。她也意识到,凯西的全能感受到了激发,通过痛苦的努力,成为了一名照顾跛足儿童的专业人士。她达到了她的父亲从未达到过的成就,无论他怀有过怎样狂野的梦想,尽管她不得不以一个跛足的身体去达到那些成就——或许这是吸引别人对她关注的代价。或许,柏塞尔博士想,她可以通过指出凯西(贝斯特)通过她的全能获得了多么大的成就来重新获得她的信心,而不是强调凯西的自体是如何地被剥夺了。

尽管柏塞尔博士步伐轻柔,凯西还是睁开了眼睛,没有移动自己的头部和身体,她把目光转向这位访问者,并且注视着她。她的脸上没有表情。

柏塞尔博士拉了一把椅子,做到床边,小心地不去撞到床上,她注意到凯西身体上正在承受着剧痛。

"你好,凯西。"

没有回答。她们彼此注视了长长的几分钟。然后,柏塞尔博士转开视线,环顾了房间;房间里有鲜花、植物、卡片。凯西并不孤独。人们知道她,把她当作一个人,记得她,很可能也同情她患上了这么可怕的疾病,很可能奇怪命运为何如此残忍地对待一个勇敢的灵魂。把一个人完全地给予另一个,然后为了活下去而创造出另一个自体,这样做真的很勇敢吗?柏塞尔博士再一次思量着。但是后来,她想到了所有那些凯西帮助过的跛足儿童。

凯西最终开口了:"你从来没有接纳过我的贝斯特。你从来没有看到她或者喜欢过她。"

柏塞尔博士笑了。她打开自己的手袋,拿出一个小盒子。里面放着两个包装好的物件。她小心地打开其中一个包装,露出一只深绿色的古埃及猫的陶艺复制品,这只猫是坐着的。

凯西一句话也没有说。她只是盯着那只猫看。柏塞尔博士把它放在床头柜上。

然后她打开了第二个包装。那是一只更小的塑像,呈现出褪了色的蓝绿色，曲线中深嵌着尘土。那是贝斯特，坐在宝座上，左手握着一只 T 形十字章（ankh），顶上有一个椭圆形的圆圈，那是埃及代表生命的符号。

凯西的眼中放出自豪而神奇的光芒。

"多美啊！"她低声说道，同时伸出一只柔弱的手，手指僵硬、扭曲，去触碰它。柏塞尔博士把贝斯特移向她的手边。她慢慢地伸直手指，用它们去抓住小小的塑像，并把它紧紧拥入怀里，她对柏塞尔博士说道："终究，你是真的相信我的！"

柏塞尔博士努力共情地去理解这个困难的病人，她有着太多的伤痛，以至于治疗师如此完美的回应都会让她感到害怕和惊吓，这突出了主体间性这个概念的复杂意义，正如 Brandschaft 和 Stolorow（1984b）所说的。就像柏塞尔博士所发现的，这个可能涉及必须帮助像凯西这样的病人，去理解她人生中长期以来挣扎着想要确证的，她那饱受折磨、同时自己在寻求稳定的理想化的父亲试图给予她的，却因给予的方式过于混淆而让作为一个孩子时的凯西无法完全理解的内容。因此，柏塞尔博士意识到，她在鼓励凯西继续与残疾儿童一起工作，并且聚焦于帮助他们在自己的人生中发现欢乐这个过程中起到重要的作用，这就是一个特别的胜利。

去找到一个完全享受生活的人，这可能会给病人提供一个效法新的理想化对象的可能性。这个角色是我们治疗师可以试图去充当的，既对我们自己有利，也是为了病人。参加有效的心理治疗（做治疗或是接受治疗）的欢乐最终就是一种发现并培育一个核心自体的独特满足，无论是对另一个个体，还是我们自己。那是一种在创造之日身临现场的感觉。

注释

[1] 本案例由 Juana Culhane 提供。

索 引

爱的客体 love object　　2

悲剧人 Tragic Man　　146

病理性自恋 pathological narcissism　　1

次级内聚性自体 second cohesive self　　46

代际连续性 intergenerational continuity　　132

反应形成 reaction formation　　138

非共情反应 unempathic reactions　　36

非共情性共鸣 unempathic resonances　　36

非驱力 driveless　　6

分离个体 separation-individuation　　90

愤怒分解 angry disintegration　　39

高度投注 hypercathexis　　4

好的世界 the good world　　21

矫正性发展对话 corrective developmental dialogue　　7,160

矫正性情绪体验 corrective emotienal experience　　6

近体验共情 experience-near empathy　　26

镜映 mirroring　　5

镜映移情 mirroring transferorces　　15

绝对坚定 unquestioning assertiveness　　36

客体恒常性 object constancy　　3

客体投注 object cathexis　　3

213

肯定性 assertiveness　　　37

肯定需要 assertive needs　　　5

哭求认可 a cry for recognition　　　18

夸大性自体 the grandiose self　　　20

理想化的父母影像 the idealized parent imago　　　22

理想化移情 idealizing transferences　　　15

另我移情 twinship transferences　　　15

孪生关系 a twinship relationship　　　46

满足 gratification　　　53

难以企及 narcissistic inaccessibility　　　167

内聚性自体 cohesive self　　　5, 37

去理想化 deidealization　　　25

融合 merging　　　25

三级核心自体 tripolar nuclear self　　　25

三极自体 tripolar self　　　15

扇形连续体 sectorial continuum　　　125

上位自体 supraordinate self　　　5, 118

身体-心灵自体 body-mind self　　　78

身体-自体 body-self　　　79

失态 faux pas　　　154

释义 interpretation　　　54

双极自体 bipolar self　　　15

他我 alter ego　　　120

他我自体客体 alter ego selfobject　　　127

退化固着 regressive fixation　　　75

心理人类学 psychoanthropological　　　1

阴茎阶段 Phallic stage　76

婴儿期夸大性 infantile grandiosity　18

原发性自恋 primary narcissism　2, 20

原发性自恋中没有"我-你"　20

原欲镜映的 libidinally mirroring　7

原欲投注 libidinous cathexis　4

中和 neutralization　3

中心核心自体 the core nuclear self　5

主体间的问题 intersubjective issue　193

转换性内化 transmuting internalization　22

滋养 norishing　94

自体 self　1

自体表象 self-representation　3

自体的健康的爱 healthy self-love　18

自体恒常感 self-constancy　85

自体建构 self-structuralization　11

自体客体 selfobject　5

自体凝聚 self-cohesiveness　11

自体破碎 self-fragmentation　19

自体觉知 self-awareness　2

自体认可 self-recognition　18

自体实现 self-fulfilling　53

自体投注 self-cathexis　3

自体心理学 self psychology　1

自体原欲化 self-libidinization　7

自体增强反映 self-enhancing reflection　176

自我抚慰 self-soothing 5

自我投注 self-cathexis 3

自我心理学 ego psychology 1

纵向分裂 the vertical split 84

组织图式 organizing schema 78

罪疚人 Guilty man 146